KAI HAUS

Schafe halten

ARTGERECHT UND NATÜRLICH

KOSMOS

☞ *Inhalt*

SCHAFE HALTEN
— *Informationen vorab*

SCHAFE ALS HAUSTIERE

Meine Schafe faszinieren und begeistern mich täglich aufs Neue und ich möchte einen Teil dieser Faszination an die Leser weitergeben. Das Buch richtet sich dabei im Wesentlichen an Neulinge in der Schafhaltung.

Schafe sind bekannt für ihre Gutmütigkeit, und oft wird ihnen dies zum Verhängnis. Durch ihre Leidensfähigkeit werden sie oft weitaus respektloser behandelt und gehalten, als sie es verdient haben. „Das dumme Schaf" erträgt eben würdevoll Leid und Qual und fristet mitunter ein bedauernswertes Dasein.
Dass Schafe bei weitem keine stupiden, einfältigen Geschöpfe sind, sondern vielmehr hochsoziale Tiere mit einem reichen Verhaltensrepertoire – darauf möchte ich mit diesem Buch aufmerksam machen und einen Leitfaden zur artgerechten Haltung bieten. Sie verdienen es als eines der ältesten domestizierten Haustiere, ein wenig mehr beachtet zu werden, und sollten daher in menschlicher Obhut stets ein artgerechtes und zufriedenes Schafleben führen können. Auf den nächsten Seiten erfahren Sie einiges Wissenswertes über die Entstehung, die Haltung, die Zucht und schließlich auch über die Produkte von einem unserer schätzenswertesten Nutztiere.

Zufrieden schaut dieser Scottish-Blackface-Bock auf „seine" Herde.

VORAUSSETZUNGEN FÜR DIE SCHAFHALTUNG

Wenn Sie sich dazu entschlossen haben, Schafe zu halten, so möchte ich Sie als Erstes zu diesem Entschluss beglückwünschen. Schafe sind ausgesprochen liebenswerte, interessante, sehr wirtschaftliche und zugleich ausgesprochen pflegeleichte Nutztiere, die ihrem Halter große Freude bereiten können. Gleichwohl gilt es, sich darüber im Klaren zu sein, dass zur artgerechten Haltung von Schafen bestimmte Grundvoraussetzungen gegeben sein müssen. Bei allem Enthusiasmus ist es leider nicht damit getan, hinterm Haus den Garten ausbruchsicher zu machen und ihn mit zwei Schafen zu verzieren.

Es ist nicht so einfach, den täglichen Zeitaufwand für die Pflege Ihrer Tiere zu bemessen, hängt dies doch auch wesentlich von der Erreichbarkeit der Weide bzw. des Stalles ab. Ganz sicher kann man sagen, dass der Pflegeaufwand im Sommer weitaus geringer ist als im Winter zur Stallzeit. Sie sollten sich auch darüber im Klaren sein, dass es ganz bestimmt zu sehr zeitintensiven Phasen in der Schafhaltung kommen wird – sei dies etwa die Lammzeit, die Zeit der Schur, die Heuernte usw.

Wer wird Ihre Schafe versorgen, wenn Sie im Urlaub sind? Haben Sie sich darüber Gedanken gemacht? All diese Fragen sollten Sie bedenken und keinesfalls allzu blauäugig an die Schafhaltung herangehen. Selbst wenn diese Nutztiere zweifelsohne leicht und unkompliziert zu halten sind, so sollten Sie doch ihre wesentlichen Grundbedürfnisse kennen und sich überlegen, ob und wie sich Ihre neuen Mitbewohner in Ihren Alltag integrieren lassen.

Immer eine Handbreit frisches Gras unter den Klauen – so lässt es sich leben.

WIE VIELE TIERE?

Schafe sind ausgesprochene Herdentiere, daher ist es nicht artgerecht, sie in einer Anzahl unter drei Exemplaren zu halten. Und das ist wirklich das absolute Minimum. Besser ist für den Anfang eine Herdengröße von fünf bis zehn Tieren. Diese benötigen erstmal Platz. Grundsätzlich rechnet man für zehn Mutterschafe einer durchschnittlich großen und schweren Rasse einen Platzbedarf von mindestens einem Hektar, also 10.000 Quadratmeter.

Dies ist aber abhängig von der Beschaffenheit der Weide, also ihrem Aufwuchs und Nährstoffgehalt. Nun ist es mit der Fütterung im Sommer weitaus einfacher, aber damit nicht getan. Es muss auf jeden Fall nahrhaftes Heu entweder selbst gemacht oder gekauft werden, und dieses gilt es trocken und sauber zu lagern, bis es gebraucht wird. Dafür benötigt man Raum und Platz.

Auch die Schafe mögen im Winter nicht im feuchten, nassen Schnee liegen, zumindest nicht dauerhaft. Sie benötigen einen ausreichend großen und trockenen Stall. Dieser sollte bei besagten zehn Mutter-

Schafe sind ausgesprochene Herdentiere, die sich nur zu mehreren wohlfühlen.

schafen mindestens 15 m^2 Grundfläche nicht unterschreiten. Es empfiehlt sich, im Vorfeld sehr genau darüber nachzudenken, wo dieser Stall stehen soll bzw. wo die Schafe im Winter aufgestallt werden sollen. Erstens sollte der Stall bei jeder Wetterlage leicht anzufahren bzw. zu erreichen sein, zweitens sollte er so konzipiert sein, dass er sich leicht säubern lässt, und drittens gebe ich zu bedenken, dass man unter den Schafen durchaus Exemplare erwischen kann, die ausgesprochen mitteilungsfreudig sind und sich sehr lautstark bemerkbar machen, wenn das Futter zur gewohnten Zeit noch nicht zur Verfügung steht. Das kann unter Umständen die friedliche Nachbarschaft ein wenig strapazieren. Grundsätzlich kann man sagen, dass Schafe ausgesprochen ruhige und leise Tiere sind, es kann aber vereinzelte Ausnahmen geben. Näheres zum Thema Stall finden Sie im entsprechenden Kapitel (siehe S. 38).

Es muss die Möglichkeit bestehen, den Schafen täglich frisches Wasser anzubieten. Der tägliche Wasserbedarf eines Schafes, abhängig von Temperatur, Fütterung und Laktation, beträgt etwa zwei bis vier Liter. Das Tränken aus Wassergräben bietet dabei keine Alternative. Feuchte Stellen auf der Weide sollte man ohnedies nach Möglichkeit meiden (siehe auch bei den Ausführungen zu Parasiten, S. 86).

Eine Gruppe Zackelschafe, eine der urtümlichsten und ältesten Schafrassen

Das Muffelwild, ein Wildschaf, ist der Stammvater unserer Schafe.

RECHTLICHE ASPEKTE

Auch die Bürokratie will bei der Schafhaltung bedacht sein. So schreibt z. B. das Tierschutzgesetz vor, dass grundsätzlich jeder Schafhalter die nötige Sachkunde für die Ernährung, Pflege und Betreuung seiner Tiere haben muss, um das Wohlbefinden der von ihm gehaltenen Schafe sicherstellen zu können (siehe auch Paragraph 2 Nr. 3 des Tierschutzgesetzes). Aus eben diesem Grund bietet jeder Schafhalterverein sogenannte Sachkundelehrgänge an. In diesen Lehrgängen können sich Neuschafhalter das Grundwissen der Schafhaltung aneignen. Außerdem muss jeder Schafhalter seinen Bestand der zuständigen Veterinärbehörde melden. Seine Tiere müssen laut Viehverkehrsverordnung vom 6. Juli 2007 mittels Ohrmarken gekennzeichnet sein.
Das Einziehen der Ohrmarken sollte auf alle Fälle von einer sachkundigen Person durchgeführt werden und dem Tier nach Möglichkeit so wenig Schmerzen wie möglich zufügen.
Jedem Neuschafhalter sei empfohlen, sich den Rat und die Hilfe eines bereits erfahrenen Schafhalters zu holen und sich sämtliche notwendigen Handgriffe von diesem zeigen und erklären zu lassen. Die sprichwörtliche Duldsamkeit und Anspruchslosigkeit unserer Schafe darf nicht dazu führen, sie aus Unkenntnis unsachgerecht zu halten oder ihre Pflege zu vernachlässigen.

DIE ABSTAMMUNG UNSERER SCHAFE

Stammvater all unserer Hausschafe ist nach heutigem Stand der Zoologie das Wildschaf *(Ovis orientalis)*, welches sich in zwei Unterarten unterteilen lässt: zum einen in das Steppenwildschaf oder Urial und zum anderen in das westliche Wildschaf, das dem

Das Steppenwildschaf oder Urial ist neben dem Muffelwild eine weitere Unterart des Wildschafes.

einen oder anderen aus heimischen Wäldern bekannte Mufflon.
Letzteres findet sein Hauptverbreitungsgebiet im Kaukasus, im nördlichen Irak und im nordwestlichen Iran. Einzelne kleinere Populationen finden sich auch in unseren Wäldern, auf Zypern, Korsika und Sardinien. Das Verbreitungsgebiet des Urials erstreckt sich vom nordöstlichen Iran und Westkasachstan bis nach Belutschistan und Ladakh.
Wildschafe zählen zu den Paarhufern und hier zur Unterordnung der Wiederkäuer. Mufflons erreichen eine Kopfrumpflänge von etwa 130 cm bei einer Höhe von bis zu 90 cm. Erwachsene Böcke bringen es auf bis zu 50 kg Körpergewicht, weibliche Tiere wiegen in der Regel deutlich weniger, etwa 35 kg.
Die Mufflonböcke tragen beeindruckende schneckenförmige Hörner. Der Kopfschmuck der weiblichen Tiere ist dagegen weitaus bescheidener, sie tragen sichelförmig nach hinten gebogene Hörner. Das Fell des Mufflons erinnert eher an das Haarkleid der Ziege als an die Wolle unserer Hausschafe.
Die Domestikation unserer Schafe begann vor etwa 10.000 Jahren, und somit ist das Schaf eines der ersten domestizierten Nutztiere des Menschen.

GESCHICHTLICHES ZUR SCHAFHALTUNG

Mit Sicherheit begann der Mensch so früh mit der Domestikation des Schafes, weil es relativ einfach zum Haustier zu machen war und gleichzeitig einen großen Nutzen bei einfachster Haltung hatte. Schafe sind und waren immer schon genügsame, wenig wehrhafte Wiederkäuer, deren Fleisch schmackhaft und deren Milch sowohl nahrhaft als auch lecker war.

Erst rund 5.000 Jahre nach der Domestikation erkannte der Mensch auch die Nutzbarkeit der Wolle. Und somit konnte sich das Schaf schon sehr früh als vielfach nutzbares Haustier etablieren.
Seine unglaubliche Anpassungsfähigkeit in Bezug auf Lebensraum und Nahrungsangebot hat sicher zu seiner weltweiten Verbreitung als Nutztier beigetragen.
Das erste sehr gründlich beschriebene Nutzschaf der Geschichte ist sicher das „Torfschaf" der Schweizer Pfahlbausiedlungen. Dieses noch relativ primitive Nutzschaf darf als direkter Stammvater einiger ursprünglicher Rassen des alpenländischen Raumes angesehen werden.
Als weiterer früher Vertreter ist das Zackelschaf zu erwähnen. Auch hier finden sich sehr frühe Funde von Tieren dieses Typs mit den charakteristischen, korkenzieherförmig gedrehten Hörnern. Und anhand ihrer Hörner lassen sich auch in der Bronzezeit schon vierhörnige Schafe vom Typ des heutigen Jacobschafes belegen.
Aus all diesen sehr ursprünglichen Typen gelang es dem Menschen durch gezielte Zucht, die Vielfalt der uns heute bekannten Rassen zu schaffen. Ganz sicher stand immer der Nutzen im Vordergrund und der größtmögliche Ertrag der jeweiligen Rasse auf den zur Verfügung stehenden Böden mit dem spezifischen Nahrungsangebot.
In vielen Kulturen war die Schafzucht wesentlich einfacher und ertragreicher als die Beackerung des Bodens und der Anbau von Feldfrüchten. Und auch heute noch ist es so, dass sich Schafe auch auf den unwirtlichsten, ertragärmsten und entlegensten Flächen gewinnbringend halten lassen. So sind z. B. die schwerstzugänglichen Alpen in den Bergen in der Regel Schafsalpen.
Seit jeher hatte das Schaf also eine fundamentale Bedeutung für die Landwirtschaft. In erster Linie als Fleischlieferant, ganz sicher aber auch lebend als Lieferant für Wolle, aus der Kleidung gefertigt werden konnte, sowie für Milch, aus der sich sowohl Joghurt als auch köstlichster Käse herstellen ließ. Derzeit bevölkert etwa eine Milliarde Schafe den Erdball.

Die Walliser Schwarznasen sind in ihrer schweizer Heimat ein Kulturgut.

RELIGION UND MYTHOLOGIE

Eine große Karriere hat das Schaf seit frühester Zeit als Opfertier in fast allen Kulturen zu verzeichnen. Gemeinhin fiel überall die Wahl des Opfertieres auf das unschuldigste und wehrloseste Tier, durch dessen Opferung man sich von etwaigem Fehlver-

Die Beweidung hoch gelegener Alpen durch Schafe hat eine lange Tradition.

halten oder großen und kleinen Sünden freimachen wollte. Mit der Opferung eines Lammes erhoffte man sich so Vergebung etwaiger Verstöße.
Im Christentum sind Schaf und Taube die einzigen Tiere, in deren Gestalt der Teufel nie erscheinen kann. Agnus Dei, das Lamm Gottes, ist ein Symbol für Jesus Christus und als Osterlamm mit Fahne ein Symbol für seine Auferstehung und daher häufiger Gegenstand christlicher Kunst. Als christlicher Schutzpatron gilt hier Johannes der Täufer, der oftmals mit einem Schaf dargestellt wird.
Das Sprichwort „Das Lamm zur Schlachtbank führen" zeugt von der unglaublich naiven Bereitwilligkeit des Schafes, seinem Hirten zu folgen – eben bis hin zur Schlachtbank. Eine Eigenschaft, die es natürlich als Opfertier prädestinierte.
Die Kelten und alten Germanen widmeten das Lamm der lichtbringenden Göttin Brigid und der Fruchtbarkeitsgöttin Ostara. Große Feste wurden zu Ehren dieser beiden Göttinnen zelebriert, und zwar im Februar, wenn die ersten Lämmer zur Welt kommen und die Tage länger werden, und zur Frühlingstagundnachtgleiche am 21. März. An diesem Fest wurden die Lämmer geweiht. Daher rührt der Begriff „Osterlamm".
Im alten Ägypten wurde der Gott Amun als Lebensbringer und ebenfalls Fruchtbarkeitsgott verehrt und entweder als Widdergestalt oder als Mensch mit Widderkopf dargestellt.
Die Griechen verehrten den Hirtengott Pan, einen lustigen, sehr umtriebigen und schelmischen Gesellen, dargestellt als Faun mit Ziegenkopf. Er gilt als Schutzgott der Herden und Hirten und als sehr musika-

lisch. Sein Instrument war die Panflöte. Der Begriff „panische Furcht" rührt ebenfalls von ihm. Nachts soll er Menschen und Vieh mitunter erschreckt und in dieselbe versetzt haben.
Im Schamanismus werden dem Schaf heilende Kräfte zugesprochen. Es gilt als Krafttier und hilft, Träume zu deuten und zu verstehen. Schafe eröffnen demnach den Blick für Geborgenheit, Schönheit und Harmonie. Und es heißt, sie eröffnen Wege, um friedlich aus krankmachenden Systemen auszubrechen.
In der Astrologie gibt es das Sternzeichen des Widders und im chinesischen Horoskop das Tierbild Schaf. Menschen, die in diesen Sternzeichen geboren sind, gelten als künstlerisch, kreativ und friedfertig. Aber auch als unentschlossen, und manchmal wollen sie „mit dem Kopf durch die Wand".

01

NATÜRLICHE VERHALTENSWEISEN

Schafe sind ausgesprochen soziale Tiere. Sie leben in Herdenverbänden, denen meist ein erfahrenes, weibliches Tier vorsteht. Innerhalb der Herde bilden sich meist familiäre Gruppen weiblicher Tiere, also z. B. Mutter mit Tochter und Enkelin plus jeweiligem Nachwuchs oder auch Geschwister plus Nachwuchs usw. Der Bock bzw. die Böcke führen die meiste Zeit des Jahres eher ein „Schattendasein". Wachsam achtet er zwar auf seine Damen, diese schenken ihm aber außerhalb der Paarungszeit wenig Aufmerksamkeit. Bei meinen Böcken konnte ich oft beobachten, dass sich die Jungs spätestens ab der Zeit der Lammung gerne zu einer Männer-WG am Rande der Herde zusammenschlossen.
Dieses Verhalten ändert sich natürlich zur Paarungszeit (Rittzeit), und diese wiederrum ist abhängig von der Jahreszeit und auch der Rasse. Es gibt saisonal brünstige und asaisonale Rassen. Das Verhalten der Böcke in der Paarungszeit wird im Kapitel Zucht näher erläutert (S. 93).
Unsere Schafe sind tagaktiv und verbringen einen Großteil des Tages mit der Nahrungsaufnahme. Hierzu wandern sie gerne umher und suchen sich auf der Weide die schmackhaftesten Pflanzen. Und für jeden Schafhalter gibt es kein schöneres Geräusch als jenes,

02

01 Bereitwillig folgt die ganze Herde ihrem Leittier oder dem Hirten.

02 Durch den Geruch und die Stimme erkennt die Mutter ihr Lamm.

das eine friedvoll weidende Schafherde beim Rupfen und Kauen von jungem Gras von sich gibt.

Zur Nacht und zum Wiederkäuen bevorzugen die Schafe einen übersichtlichen, witterungsgeschützten Ruheplatz.

Die Schreckhaftigkeit der meisten Schafe ist sprichwörtlich, aber auch von der Rasse abhängig. Eine Herde Kamerunschafe mag weitaus schreckhafter auf einen unbekannten Passanten oder Geräusche reagieren als eine Gruppe behäbiger Bergschafe. Generell werden Schafe aber das Annähern eines vermeintlichen Feindes immer erst mal mit zumeist blinder Flucht quittieren. Diese endet aber bald, und die Gefahr wird von der Herde neu eingeschätzt. Die Tendenz, Schutz immer in der Herdenmitte zu finden, lässt alle Tiere zusammenlaufen und dann mehr oder weniger stürmisch dem Leittier folgen.

Falls Flucht allerdings nicht möglich ist, es sich um ein Mutterschaf mit sehr jungem Lamm oder gar um einen sehr erfahrenen Altbock handelt, können Schafe auch zum Gegenangriff übergehen. Nach drohendem Aufstampfen mit einem Vorderlauf in Richtung „Angreifer“ wird das Schaf mit gesenktem Kopf auf seinen Feind zurennen und versuchen, einen Treffer zu setzen.

Auch beim Fressen im Stall suchen Schafe die Nähe zu ihren Artgenossen.

Dies geschieht aber nur bei größter Gefahr und im äußersten Notfall. Schafe sind ausgesprochen friedlich veranlagte Wesen und im Allgemeinen sind sie nicht auf einen Kampf aus.
All diese Verhaltensweisen lassen sich natürlich am ehesten beobachten, wenn sich eine überschaubar große Herde auf genügend großem Raum bewegt. Und, wie schon erwähnt, spielt auch die Rasse eine große Rolle.

SINNESLEISTUNGEN

Auch wenn man es nicht vermuten mag, so ist doch beim Schaf der Geruchssinn besonders gut ausgeprägt. Schafböcke ermitteln am Geruch ihrer Damen deren Paarungsbereitschaft. Das Mutterschaf erkennt sein Lamm am Geruch und kann es anhand dessen auch von anderen Lämmern unterscheiden. Herdenmitglieder unterscheiden und erkennen sich am Geruch. So kommt es gerne mal zu Missverständnissen beim Wiedererkennen frisch geschorener Schafe in der Herde: Oftmals fehlt diesen der vertraute Geruch und die Herdenmitglieder erkennen sie nicht sofort. Ebenso kann es sein, dass etwa das Trinkwasser nicht mehr frisch riecht und von den Schafen gar nicht oder nur ungern aufgenommen wird. Und ganz sicher ist es so, dass einmal angeatmetes Heu für Schafe nicht mehr gut duftet und somit sehr ungern gefressen wird.
Ebenfalls von großer Bedeutung ist der Hörsinn. Schafe kommunizieren untereinander mit einer Vielzahl unterschiedlichster Laute. Auch zur Erkennung von Gefahren ist es wichtig, gut zu hören. So ist es also nicht verwunderlich, dass der Hörsinn der Schafe einen weiten Frequenzbereich abdeckt.

Aufmerksam beobachtet das Kerry Hill die Umgebung.

Schafe sehen sehr gut, sie verfügen über einen Rundum-Blick von 290°. Ihre Augen sind auf ein gleichermaßen scharfes Sehen im Fern- und Nahbereich ausgelegt – ebenfalls wichtig für das frühzeitige Erkennen von Gefahren. Und auch hier ist es so, dass Schafe sich offensichtlich auch das optische Bild ihrer Herdenmitglieder einprägen und es dann nach der Schur und der mit dem Frisörbesuch verbundenen „Typänderung“ zu Verwechslungen kommen kann.
Mit ihren sehr feinen Lippen ertasten Schafe ihre Nahrung und können so feine und grobe Pflanzenteile deutlich unterscheiden. Durch ihren Geschmackssinn unterscheiden sie bittere, süße, saure und salzige Bestandteile ihrer Nahrung.

DIE SCHAFRASSEN

Die Wahl der passenden Rasse ist von verschiedenen Faktoren abhängig. Im Vordergrund sollten unbedingt die geographischen Gegebenheiten stehen. Nicht jede Rasse kommt mit jedem Standort gleichermaßen gut zurecht, und so ist es nicht verwunderlich, dass nicht jede Rasse auf jedem Untergrund das Höchstmaß ihrer Leistungsfähigkeit erbringen kann.
Außerdem möchten wir stets gesunde und muntere Tiere halten, und deshalb sollte ebenfalls darauf geachtet werden, ob die Tiere magere oder fette Wiesen brauchen. Natürlich zählt bei der Rassewahl auch ganz besonders der eigene Geschmack, und hier meine ich nicht nur den kulinarischen, sondern ganz besonders auch optische Vorlieben.
Im Laufe der Domestikation sind beim Schaf viele Rassen entstanden. Sie alle aufzuzählen, würde hier zu weit führen. Ich möchte im Folgenden einen Überblick über die gängigsten und die etwas exotischeren Rassen geben, die sich für die Haltung in unseren Breiten eignen.

Eine Herde Merinolandschafe; die Tiere liefern die feine und begehrte Merinowolle.

MERINOLANDSCHAF

Das große und schwere, marschfähige und widerstandsfähige, ausschließlich weiße Landschaf stammt ursprünglich aus Spanien. Im 17. Jahrhundert wurden einige Schafe nach Deutschland importiert und hier in heimische Rassen eingekreuzt. Zuchtziel ist ein möglichst widerstandsfähiges, geländetaugliches und fruchtbares Woll- und Fleischschaf mit hoher Zunahme. Vor allem in Baden-Württemberg stellt das Merino den größten Anteil in der Schafhaltung. Ausgewachsene Böcke bringen es auf 180 kg und mehr, Mutterschafe wiegen selten weniger als 100 kg.

Ein Schwarzkopfschaf mit Lamm aus einer Rassen-Kreuzung

Rhönschafe haben einen typischen „unbewoll-ten" Kopf.

Angestrebt ist eine Mastleistung von mindestens 400 g täglicher Zunahme. Außerdem liefert das Schaf die ausgesprochen feine Merinowolle. Eine (wenn nicht *die*) klassische Wirtschaftsrasse.

SCHWARZKOPFSCHAF

Nach dem Merino mit 17 % ist das Schwarzkopfschaf (Deutsches schwarzköpfiges Fleischschaf) die Rasse mit dem zweitgrößten Anteil in Deutschland. Entstanden ist das mittelgroße Fleischschaf mit dem dunklen, hornlosen Kopf im 19. Jahrhundert in Westfalen durch Einkreuzen von britischen Oxford- und Hampshire-Schafen in heimische Tiere. Zuchtziel ist auch hier ein Fleischschaf mit täglichen Zunahmen von 400 g, marschfähig, mit guten Muttereigenschaften und hoher Fruchtbarkeit. Böcke erreichen ein Gewicht von 160 kg, Mutterschafe zwischen 80 und 100 kg. Die Wolle ist von feiner Textur, kann aber mit der der Merinos nicht konkurrieren.

RHÖNSCHAF

Unverwechselbar durch den unbewollten, hornlosen, schwarzen Kopf und die reinweißen, zierlichen Beine. Äußerst robuste und widerstandsfähige Lokalrasse der Rhön, mittlerweile aber im ganzen Bundesgebiet. Ausgesprochen gute Muttereigenschaften, klassisches Landschaf mit ruhigem Charakter. Sehr frohwüchsige Lämmer, extrem wohlschmeckendes Fleisch von exzellenter Qualität. Mittelgroß. Beliebt für Kreuzungen mit höherer Mastleistung.

FUCHSSCHAF

Alte Schafrasse der Mittelgebirge. Unverwechselbare rötliche Farbe am unbewollten, hornlosen Kopf und den Beinen. Robuste Extensiv-Rasse mit extrem anhänglichem und gutmütigem Charakter.
Sehr gute Muttereigenschaften. Genügsam und leichtfuttrig. Die Lämmer werden mit einer satten, rotbraunen Farbe geboren, das Vlies hellt später auf. Man spricht von den Schafen „mit dem goldenen Vlies“. Freundliches Landschaf von mittlerer Größe. Böcke um die 90–100 kg, Mutterschafe um die 60–70 kg.

Fuchsschafe in typischer Färbung

HEIDSCHNUCKE

Feingliedriges, lebhaftes Schaf mit Hauptverbreitung in der Lüneburger Heide. Beide Geschlechter tragen Hörner, die Böcke mächtige Schnecken ähnlich dem Mufflon. Die graue Heidschnucke leistet einen erheblichen Beitrag in der Landschaftspflege. Charakteristisch ernährt sie sich von den kargen Böden der Heide und kommt so auch mit wenig nahrhafter Kost bestens zurecht. Äußerst robustes, urtümliches Schaf mit besonders guten Muttereigenschaften. Köstliches, wildähnliches Fleisch. Die Lämmer werden schwarz geboren, im ersten Jahr färbt sich die langvliesige Wolle dunkelbraun und erst nach der ersten Schur entwickelt sich die klassische graue Farbe. Kopf und Beine bleiben schwarz. Neben der grauen Schnucke gibt es noch die weiße gehörnte Heidschnucke und die hornlose Heidschnucke. Beide sind genügsam und robust. Die Weiße ist etwas größer als die Grauen, die andere deutlich leichter und kleiner.

Heidschnucken-Widder

SKUDDE

Die Skudde ist die kleinste deutsche Schafrasse. Böcke wiegen maximal 45 kg bei einer Widerristhöhe von durchschnittlich 55–60 cm, Mutterschafe wiegen um die 30 kg und werden 45–50 cm hoch. Die Skudde stammt aus Ostpreußen und ist eines der robustesten und urtümlichsten Schafe überhaupt. Die Auen sind in der Regel hornlos, Böcke entwickeln hingegen ein gigantisches Schneckengehörn. Die wirtschaftliche Bedeutung bleibt im Hintergrund, als Landschaftspfleger sind diese Tiere aber unschlagbar. Skudden gedeihen auch auf kargsten Böden und brillieren mit hervorragenden Muttereigenschaften. Sie kommen in weiß, schwarz und schokobraun vor. Schecken sind laut Standard unerwünscht. Trotz ihrer geringen Körpergröße sind Skudden sehr fruchtbar und asaisonal. Steht der Bock ganzjährig in der Herde, muss man ganzjährig mit Lämmern rechnen. Die grobe Skuddenwolle eignet sich zum Filzen.

Muttertiere der grauen Heidschnucke

Braune Skudden-Aue

BERGSCHAF

Typische Rassekennzeichen dieser großrahmigen, langbeinigen Schafe sind die schweren Schlappohren. Am stärksten verbreitet ist der weiße Farbschlag, dieser ist auch der schwerste. Böcke wiegen zwischen 120 und 130 kg, Mutterschafe maximal 85 kg. Deutlich zierlicher ist der braune Farbschlag. Besonderer Beachtung erfreuen sich aktuell die gescheckten Bergschafe. Das ausgesprochen fruchtbare Schaf hat seinen Ursprung in Österreich, Oberbayern, Südtirol und dem Schweizer Engadin. Bergschafe sind leichtfuttrig und besonders für die Alpung und die Haltung in bergigen Gebieten geeignet. Ihr zutrauliches Wesen ist beispiellos.

Braunes Bergschaf-Lamm mit Mutterschaf

OSTFRIESISCHES MILCHSCHAF

In drei Farbschlägen kennt man diese Tiere: weiß, schwarz und gescheckt. Der weiße kommt am häufigsten vor. Der Ursprung liegt, wie der Name schon sagt, an der Küste Ostfrieslands. Kennzeichnend sind der unbewollte lange Schwanz und die fleischigen Ohren. Die Tiere erreichen ein Gewicht zwischen 70 (Auen) und 120 kg (Böcke). Bei 150 Tagen Laktation liefern diese Schafe täglich um die 500 g Milch mit einem Fettgehalt von bis zu 6 % und einem Eiweißgehalt von bis zu 5 %. Milchschafe sind ausgesprochene Individualisten und der Herdentrieb ist nur schwach ausgeprägt. Dafür sind sie zutraulich und sehr standorttreu. Sie stellen den Löwenanteil der Schafe in Niedersachsen, die zur Milchgewinnung gehalten werden. Das Zuchtziel wird über die „3-F-Regel" definiert: Frohwüchsigkeit, Frühreife, Fruchtbarkeit.

SCHWARZBRAUNES BERGSCHAF

Das Juraschaf ist eine Lokalrasse der Schweiz und neben dem weißen Alpenschaf die am meisten verbreitete Rasse der Schweiz. Großrahmiges, schweres Schaf mit starkem Fundament und tiefem Rumpf. Kurzer Kopf, kurze Ohren. In der Regel von tiefbrauner, fast schwarzer Färbung, einige Exemplare in hellerem Beige

(elbfarben). Fruchtbar und frohwüchsig. Klassisches Wirtschaftsschaf mit bester Mastleistung auch auf kargeren Böden.

WALLISER SCHWARZ-NASENSCHAF

Uriges Schaf aus dem Kanton Wallis. Dort bestens angepasst an das Leben in den kargen Berggebieten. Trittsicher mit harten Klauen. Die Wirtschaftlichkeit bleibt hinter dem urigen Aussehen weit zurück. Außerhalb der Schweiz werden immer mehr Schwarznasen als Liebhabertiere gehalten.

Schwarzes Ostfriesisches Milchschaf

Prächtige Lämmer des Juraschafes

Skurrile Walliser Schwarznasen

Die hingebungsvolle Zutraulichkeit dieser Rasse trägt ihren Teil dazu bei. Charakteristisch sind die schwarzen Partien an Nase, Augen, Ohren, Vorderknien, Sprunggelenken und Füßen im ansonsten weißen, stark gekräuselten Fell. Es ist eine zusätzliche Schur im Spätsommer zu empfehlen.

UNGARISCHES ZACKELSCHAF

Eines der ursprünglichsten Schafe überhaupt. Ursprungsgebiet Ungarn, dort wertvolles Kulturgut, dennoch im Bestand stark gefährdet. Trotz hoher Milchleistung, sehr guter Muttereigenschaften und hervorragender Zunahmen der Lämmer bleibt die wirtschaftliche Bedeutung leider im Hintergrund. Diese Rasse kann mit den Wirtschaftsrassen nicht konkurrieren. Charakteristisch sind die korkenzieherartig gedrehten Hörner beider Geschlechter. Beim Bock können diese leicht bis zu einem halben Meter lang werden, bei den Muttertieren ca. 30–40 cm. Böcke wiegen maximal 80 kg, weibliche Tiere (Auen) etwa 50–60 kg. Es gibt den schwarzen Farbschlag und den hellen, dessen Färbung fast der der Fuchsschafe gleicht. Bemerkenswert ist ihr scheues, wildtierähnliches Verhalten.

Schwarzer Zackelschaf-Bock

HERDWICK

Diese skurril anmutenden, mittelgroßen Schafe kommen in großer Zahl eigentlich nur in ihrem Ursprungsgebiet, dem Lake Distrikt in England, vor. Dort sind sie optimal an das raue Klima angepasst. Die Lämmer werden schwarz geboren, erst im

Herdwick-Aue

Laufe der ersten Wochen beginnen sich Beine und Kopf weiß zu färben. Jährlinge tragen meist noch ein dunkelbraunes Vlies, die Wolle älterer Tiere wird zunehmend grauer. Die Tiere liefern ausgesprochen wohlschmeckendes Fleisch, erreichen aber nicht die Leistung der Wirtschaftsrassen. Böcke sind zumeist behornt, die Muttertiere hornlos. Herdwicks sind ausgesprochene Individualisten mit schwachem Herdentrieb. Die ruhigen Schafe erfreuen ihre Besitzer durch die absolute Genügsamkeit, die Robustheit und das freundliche Wesen. Mittlerweile findet man immer mehr kleinere Herden bei Hobbyzüchtern.

Kerry Hill mit Lamm

Scottish Blackface Mutterschafe

KERRY HILL

Diese Rasse stammt aus Powys an der walisisch-englischen Grenze und leitet ihren Namen von der Ortschaft Kerry in der Nähe von Newton ab. Charakteristisch sind die schwarzen Abzeichen um Augen und Maul und an den Gelenken sowie die schwarzen Ohrspitzen der Stehohren. Die mittelgroßen Schafe sind hervorragende Kreuzungspartner für gängige Landschafe. Aus diesen Kreuzungen entstehen überragende Mastlämmer mit hervorragendem Lammfleisch. Kerry Hills haben einen kräftigen, kompakten Körper. Beide Geschlechter sind hornlos. Sie sind ausgesprochen genügsam und unproblematisch in der Haltung, man sagt ihnen aber ein etwas nervöses Temperament nach.

SCOTTISH BLACKFACE

Das meist verbreitete Schaf der britischen Inseln. Beliebte Rasse für Kreuzungen. Urtümliches, kräftiges, sehr robustes Schaf. Beide Geschlechter behornt, die Böcke entwickeln mächtige Hornschnecken. Fruchtbar und frohwüchsig, mit sehr schmackhaftem Fleisch. Problemlose Haltung auch auf kargen Böden. Anspruchslos und pflegeleicht. Böcke erreichen ein Gewicht um die 100 kg, die Auen liegen knapp darunter. Die Muttereigenschaften dieser Schafe sind beispiellos. Die Zeichnung variiert, Kopf und Beine sind meist dunkel mit mehr oder weniger weißen Abzeichen. Sehr feste Klauen. Diese Tiere sind optimal angepasst an die ganzjährige Freilandhaltung auch in schwierigem Gelände. Auch auf kargen Böden wird eine gute Mastleistung erreicht.

SCHAFE PFLEGEN

— *artgerecht und natürlich*

AUSWAHL UND KAUF

Wenn Sie sich darüber klar geworden sind, dass Sie alle Voraussetzungen für die artgerechte Schafhaltung erfüllen können, wird sich irgendwann die Frage stellen, wo Sie Ihre Tiere herbekommen.

Sobald Sie sich für eine Rasse entschieden haben, die zu Ihnen und den Gegebenheiten Ihrer Weide passt, scheint es der einfachste Weg, sich im Internet auf die Suche nach Tieren dieser Rasse zu begeben. Einfach, keine Frage, aber nicht unbedingt der beste Weg.

Wesentlich besser ist man beraten, wenn man sich zunächst an den passenden Schafzuchtverband seines Bundeslandes wendet, hierzu finden Sie Adressen im Serviceteil (S. 123). Über den jeweiligen Verband wird man ganz sicher Adressen von erfahrenen Züchtern seiner Lieblingsrasse bekommen. Diese Züchter widmen sich meist voller Hingabe und mit Herzblut der Zucht ihrer Tiere. Es mag zwar sein, dass man vielleicht etwas mehr Geld für seine neuen bewollten Mitbewohner ausgeben muss. Man erhält aber für den Start in die Schafhaltung mit Sicherheit gesunde und rassetypische Tiere. Außerdem wird man mit dem beruhigenden Gefühl nach Hause fahren, einen erfahrenen Ansprechpartner gefunden zu haben, der ganz bestimmt auch gerne Fragen zur Rasse und deren Haltung beantwortet, wenn sich diese nach dem Erwerb der Tiere noch stellen, und dies bleibt in den meisten Fällen nicht aus.

Ist also der Züchter des Vertrauens gefunden, bleibt da noch die Frage, wie viele Tiere bei Ihnen einziehen sollen. Wie schon erwähnt, fühlt sich kein Schaf alleine wohl, und um den Bedürfnissen dieser Herdentiere wirklich gerecht zu werden, rate ich für den Anfang zum Erwerb von mindestens drei, besser fünf Tieren. Gar nicht unklug ist es, die neue Gruppe mit einem bereits etwas älteren Tier auszustatten. Ein zwei- oder dreijähriges Mutterschaf wird

Auch innerhalb einer Schafrasse kann es Unterschiede geben.

sich ruhiger und leichter in seine neue Umgebung eingewöhnen und somit auch einen beruhigenden Einfluss auf seine jüngeren Kolleginnen ausüben. Generell ist natürlich der Kauf möglichst junger Tiere zu empfehlen.

DER ZEITPUNKT

Und damit wird auch schnell klar, wann man Schafe am besten erwerben kann: Die meisten Schafe lammen im Frühjahr und die Lämmer sind dann nach vier Monaten so weit gediehen, dass sie von ihren Müttern getrennt werden und alleine klarkommen können. Daher wird man, je nach Rasse, gesunde und gut entwickelte Lämmer im Spätsommer oder Frühherbst erwerben können. Bei den asaisonalen Rassen (siehe S. 97) lassen sich das ganze Jahr über Jungtiere erwerben, da diese Rassen nicht so sehr an den Zyklus der Jahreszeiten gebunden sind.

Diese beiden bleiben noch eine Zeitlang zusammen ...

Ein guter Züchter wird Ihnen keine schwachen oder kranken Tiere verkaufen, dennoch sollten Sie darauf achten, dass die ausgewählten Schafe einen fitten Eindruck machen: Klare, wache Augen, aufmerksames Verhalten und ein insgesamt wohlgenährter und sauberer Eindruck sollten selbstverständlich sein. Gesunde Schafe haben keinen Nasenausfluss und keine kotverschmierte Schwanzpartie.

Es empfiehlt sich für den „Neuschafhalter" ohnehin, einen erfahrenen Schafhalter zu Rate zu ziehen, der ihn beim Kauf berät und unterstützt. Ihn können Sie befragen, falls Sie Zweifel an Ihrer Interpretation des Gesundheitszustandes haben. Und er kann Ihnen auch helfen, die erworbenen Tiere ins neue Zuhause zu bringen, denn auch hier macht uns die Bürokratie die Sache wieder ein wenig schwerer.

Es versteht sich von selbst, dass die neuen Mitbewohner sich nicht im PKW transportieren lassen, sondern vielmehr in einem geeigneten Viehanhänger die Reise in ihr neues Domizil antreten sollten. Davon ausgehend, dass Sie im Besitz einer Fahrerlaubnis und eines Anhängers sind, können wir leider noch nicht davon ausgehen, dass Sie auch über eine Viehtransportgenehmigung von Ihrem Veterinäramt verfügen. Diese benötigen Sie, falls Sie Ihre Tiere mehr als 65 km transportieren müssen. Bitte informieren Sie sich darüber vor dem Transport bei Ihrem zuständigen Veterinäramt!

... und auch dieses Mutterschaf wird sich noch lange um seine Töchter kümmern.

Wenn dann alle bürokratischen Hürden genommen sind, steht dem Einzug Ihrer Schafe nichts mehr im Wege.

ALTERSBESTIMMUNG

Das Alter eines Schafes lässt sich relativ sicher nur an den Zähnen bestimmen. Natürlich lassen sich juvenile (junge) Schafe von adulten (erwachsenen) auch an der körperlichen Entwicklung unterscheiden, doch ist dies logischerweise mit zunehmendem Alter sehr ungenau.

Das Schaf besitzt ausschließlich im Unterkiefer Zähne: insgesamt acht Schneidezähne können zur Altersbestimmung herangezogen werden. Im ersten Lebensmonat brechen beim Schaf alle Milchschneidezähne durch. Mit neun Monaten sind sie endgültig voll entwickelt, zeigen aber schon mit zwölf Monaten die ersten Abnutzungserscheinungen. Diese vermeintlich starke und schnelle Abnutzung ist dem steten Gebrauch der Zähne geschuldet und durchaus normal.

Das Schaf wechselt dann von innen nach außen die Milchschneidezähne gegen die deutlich breiteren, bleibenden Schneidezähne. Männliche Tiere wechseln im Schnitt ein bis zwei Monate früher als weibliche. Ansonsten ist der Zahnwechsel auch rasseabhängig. Man kann aber ganz grob sagen, dass mit etwa 1,5 Jahren die innersten beiden Schneidezähne gewechselt sind, mit etwa zwei Jahren sind die innersten vier

Neue Weiden werden von den Schafen immer genauestens überprüft.

gewechselt, mit drei Jahren sechs Zähne und bei einem Schaf, das älter als drei Jahre ist, sind alle acht Zähne gewechselt. Das weitere Alter zu bestimmen, ist dann sehr schwierig, es kann anhand der Abnutzung nur noch geschätzt werden.

Schafe können durchaus ein Alter von bis zu 20 Jahren erreichen, dann zumeist zahnlos. Die wirtschaftliche Nutzung aber entwickelt sich schon ab dem sechsten Lebensjahr rückläufig. Liebhabertiere in kleinen Herden können sicher älter werden und mit guter Fütterung auch noch „Nutzen“ bringen, in größeren, wirtschaftlich ausgerichteten Beständen werden Schafe, die das sechste Lebensjahr überschritten haben, in der Regel ausgesondert.

DER EINZUG INS NEUE HEIM

Sie haben es geschafft und sind nun glücklicher Besitzer einer wie auch immer gearteten Gruppe der Gattung *Ovis*.

Im Normalfall werden Sie Ihre Schafe per Anhänger zu ihrem neuen Domizil kutschieren. Beim Einzug ins neue Heim sollten Sie einiges beachten. Die Tiere, die Sie erworben haben, lebten bisher in einer ganz bestimmten Herdenstruktur, auch die Lämmer erlernten von ihren Müttern und Tanten bereits die Abläufe und das Verhalten in „ihrer“ Herde. Sie haben also keinesfalls völlig unbefangene und ungeprägte Tiere erworben, sei Ihre neue Gruppe auch noch so jung. Nun ist es sehr unwahrscheinlich, dass Sie genau die Tiere einer Herde erwischt haben, die sich am nächsten standen. Das heißt, die Rangordnung in Ihrer Schafgruppe muss neu defi-

niert werden; das kann zu kleinen Rangeleien führen.
Versuchen Sie auf jeden Fall, den Einzug auf die neue Weide früh am Tag, also am besten am Vormittag vorzunehmen. Damit lassen Sie den neuen Bewohnern viel Zeit, sich zu orientieren und ihr neues Domizil zu erkunden. Wenn Sie Ihre Weide mit Elektronetzen eingezäunt haben, wäre es gut, wenn Ihre neuen Tiere dies schon kennen. Falls dies nicht der Fall ist, sollten Sie sich auf alle Fälle im Laufe der ersten Stunden vergewissern, dass die meisten neuen Bewohner in Kontakt mit dem neuen Zaun kommen.
Vergewissern Sie sich vor dem Öffnen des Anhängers, dass der Zaun gut und sicher steht und der Strom funktioniert, frisches Wasser vorhanden ist und Sie erstmal keine Arbeiten mehr auf der Weide bzw. am Stall oder dem Unterstand vornehmen müssen.
Dann fahren Sie möglichst nah an den Eingang der Weide, sodass die Tiere direkt vom Hänger auf die neue Weide springen können. Öffnen Sie den Anhänger und harren Sie vorsichtig der Dinge. Stehen Sie dabei Ihren Tieren nicht im Wege, lassen Sie freien Zugang zur Weide und sichern Sie die Flanken links und rechts des offenen Hängers. Das klingt jetzt sehr „gefährlich", ist es aber nicht.
Sie wären allerdings nicht der erste, dem einer seiner neuen Schützlinge bereits beim Sprung vom Anhänger am Eingang zur Weide vorbeiläuft und dann kopflos sein Heil in der Flucht sucht.
Je nachdem, für welche Rasse Sie sich entschieden haben, werden Ihre Schafe nervöser oder ruhiger reagieren. Die älteren Schafe werden sicher relativ ruhig vom Anhänger die neue Weide betreten und nach kurzer Sichtung des Sachverhalts erstmal ein

Die neue Umgebung wird inspiziert.

„Was ist das da hinten?"

Das Gras im neuen Zuhause scheint den Schafen zu schmecken.

Maul Gras rupfen und die Schmackhaftigkeit des Bewuchses kosten. Von dieser Gelassenheit inspiriert, werden sich die jüngeren Lämmer auch aus dem Hänger wagen, aber sicher weitaus nervöser reagieren. Lassen Sie allen ihre Zeit und halten Sie sich erstmal im Hintergrund. Bald wird sich die neue Gruppe neugierig über die unbekannte Fläche bewegen, sich womöglich kurz vor dem ein oder anderen „gefährlichen" Grasbüschel oder Stein erschrecken und sich immer wieder dem schmackhaften Gras widmen. Fressen in der Herde beruhigt ungemein.

Es wird, wie gesagt, kleine Rangeleien um die Rangordnung geben, aber auch das wird bald nachlassen. Das älteste und ruhigste Tier bzw. das bestentwickelte Lamm wird die Führung übernehmen, und somit wird bald Ruhe einkehren. Bereits am Abend oder auch am nächsten Tag können Sie versuchen, Ihre neuen Mitbewohner in aller Ruhe mit ein wenig Kraftfutter oder etwas trockenem Brot zu sich heranzulocken und zarte Bande zu knüpfen.

Bei den ruhigeren Landschafrassen und den Fleischschafen wird Ihnen das schneller gelingen als bei manchen Kamerunschafen oder Heidschnucken. Ganz sicher wird dies auch ein wenig davon abhängig sein, wie zahm die Tiere in ihrer alten Heimat schon waren.

Lassen Sie sich und Ihren Tieren Zeit. Schafe lernen ihren Halter schnell sehr gut kennen und wissen bald genau, zu welcher Uhrzeit es sich lohnt, welchem Auto entgegenzublöken und wer aus diesem Fahrzeug aussteigen wird.

UNTERBRINGUNG, PFLEGE UND FÜTTERUNG

DIE SCHAFWEIDE

Ihr muss auf jeden Fall große Bedeutung beigemessen werden. Ganz pragmatisch sollte man zunächst einmal dafür sorgen, dass die Weide für die Schafe groß genug ist. Wie schon erwähnt, rechnet man mit etwa einem Hektar für zehn Mutterschafe einer durchschnittlich großen Rasse. Das sollte nun aber wirklich nur als Richtwert zu verstehen sein. Entscheidender ist die Beschaffenheit der Weide.

Zackelschaf-Lamm in frischer grüner Weide

DAS GRAS

Besonders wichtig ist der Nährstoffgehalt des zur Verfügung stehenden Aufwuchses. Dieser sollte im Idealfall möglichst ausgewogen durchsetzt sein von eiweißhaltigen Leguminosen (Hülsenfrüchtler) und rohfaserreichen Gräsern und Kräutern.
Am liebsten werden Ihre Schafe auf kurzer Weide stehen, das heißt, das nährstoffreiche, frisch aufwachsende Gras wird ihnen am besten schmecken. Ein hoher Anteil an rohfaserreicher Nahrung ist aber gerade für den Pansen des kleinen Wiederkäuers besonders wichtig und darf daher in der Nahrung nicht fehlen. Füttern Sie daher besonders im Frühjahr den Schafen kleine Mengen gutes Heu zu, um Verdauungsproblemen vorzubeugen.

BÄUME

Achten Sie, falls vorhanden, auf den Baumbestand Ihrer Weide. Dieser kann Segen und Fluch in gleichem Maße sein: Bäume bieten natürlichen Schutz vor großer Hitze, also starker Sonneneinstrahlung, vor Regen und allen anderen Unbilden des Wetters. Ihre Schafe werden es lieben, sich an dem einen oder anderen dicken Stamm zu kratzen, und vor allem lässt es sich herrlich an tiefhängenden Ästen knabbern. Leider sind nicht alle Bäume auf einer Schafweide zu tolerieren, da es auch giftige

Bäume schützen vor Wind und Wetter und man kann sich herrlich daran schubbern.

Arten gibt. Dazu gehören Lebensbaum und Eibe. Die Schafe dürfen keinerlei Kontakt mit diesen Bäumen haben!
Im Herbst kann Fallobst zu Verdauungsproblemen führen. Äpfel beispielsweise sind süß und lecker, können aber bei zu großer Aufnahme zu Durchfall führen. Gefährlicher sind Pflaumen und Kirschen, die zu sehr schmerzhaften und mitunter lebensbedrohlichen Aufgasungen führen können. Durch das Verschlucken der großen Steine kommt es zu Verstopfungen, die meist nicht minder gefährlich sind.

WASSERSTELLEN

Wasserstellen auf Ihrer Weide sollten Sie ebenfalls kritisch betrachten. Es mag der Bachlauf auf Ihrer Weide die Versorgung mit Frischwasser sichern, welches von den Schafen sehr geschätzt wird. Genauso sichert das Vorhandensein von Wasser im näheren Umfeld auch frischen Aufwuchs in heißen Jahresabschnitten. Allerdings geht vom Wasser auch immer eine Gefahr aus. Man muss sich bei etwas größeren und tieferen Wasserstellen immer Sorge machen, dass ein vorwitziges bzw. tollpatschiges Schaf ins Wasser rutscht oder fällt und darin den Tod findet. Kleine Seen und Tümpel oder allzu tiefe Wassergräben mit steilem Ufer sind für solche Unfälle prädestiniert. Schafe „ertrinken" schon in knöcheltiefen Gewässern! Kommt ein Schaf zu tief ins Wasser, saugt sich seine Wolle innerhalb kürzester Zeit voll Wasser und wird sehr schwer. Das Schaf sinkt in die Knie und erliegt schließlich einem Kreislaufversagen, wenn es nicht rechtzeitig gefunden wird. Im Herbst oder Winter kann es an Unterkühlung sterben.

Friedlich grasen die Schafe auf ihrer Weide in knöchelhohem Gras.

Weitaus größer ist aber die „biologische" Gefahr, die vom Wasser ausgeht: Ruhig fließende Gewässer oder stehende Tümpel bergen auch die Gefahr von Bakterien und unter Umständen pathogenen Keimen.
Ganz besonders wichtig ist aber, dass feuchte Stellen auf der Weide immer die Verwurmung der Schafe begünstigen, da einige Wurmarten sich nur über Zwischenwirte vermehren können, wie beispielsweise die Schlammschnecke. Diese Schnecke lebt auf feuchten Wiesen oder in der Nähe von Gewässern.
Des Weiteren sind feuchte Stellen auf der Weide auch immer schlecht für die Klauen der Schafe. Diese sind auf ein Leben in der Steppe eingerichtet und nicht auf Sumpf. Zu starkes Wachstum oder zu großer Druck etwaiger Fäulniserreger begünstigen hier das Auftreten der gefürchteten Moderhinke (siehe S. 82).

Wägen Sie also ab und überlegen Sie genau, ob es langfristig nicht einfacher und sicherer ist, das Wasser für Ihre Schafe im Kanister zur Weide zu schleppen.

WEIDEPFLEGE

Dann wäre noch zu erwähnen, dass eine Weide gepflegt werden will. Schafe sind zwar weitaus toleranter in ihrem Fressverhalten als Ziegen, sie sind aber auch selektive Fresser. Das heißt, sie werden sich immer als Erstes die schmackhaftesten Gräser und Kräuter aussuchen und diese fressen, während sie vermeintlich weniger schmackhafte Blättlein verschmähen werden. Über die Zeit werden im ungünstigsten Fall weniger geliebte Gräser die beste Chance zur Vermehrung haben. Es empfiehlt sich daher unbedingt, die Weide ein- bis zweimal im Jahr zu mulchen oder zu mähen, um wieder eine gleichmäßige Grasnarbe zu erhalten

und keine „Inseln“ auf der Weide zu züchten. Außerdem wird dadurch auch der Kot an besonders frequentierten Stellen verteilt und „entschärft“.
Eine Kalkung der Weide ist ebenfalls anzuraten, vor allem, wenn es sich um eine Standweide handelt und man dem Endoparasitendruck vorbeugen möchte. Als Standweide wird eine Weidefläche bezeichnet, die sehr lange, unter Umständen ganzjährig, von den Schafen frequentiert wird. Vorzuziehen ist immer eine Wechselweide: Die Schafe sind nur einen begrenzten Zeitraum auf der Weide, diese wird danach entweder von anderen Weidetieren genutzt oder nach Mulchung oder Mahd eine Zeitlang in Ruhe gelassen. Der Endoparasiten-Befall wird auf einer Wechselweide stets geringer sein als auf einer Standweide.

Wenn es Ihnen also möglich ist, sorgen Sie dafür, dass Ihre Schafe die zur Verfügung stehenden Flächen immer als Wechselweide nutzen.

ZÄUNE

Und wenn Sie es sich nicht zur Aufgabe gemacht haben, Ihre Schafe täglich zu hüten und eine große Wanderherde Ihr Eigen nennen, sondern vielmehr die Schafe in Koppelhaltung halten möchten, kommen wir spätestens jetzt zur Einzäunung der Schafweide, denn über diese lässt sich eine Fläche auch unterteilen und ermöglicht somit die Wechselbeweidung.
Man unterscheidet in der Koppelhaltung zwischen Festeinzäunung und mobiler Einzäunung. Alternativ, wie gesagt, bleibt Ihnen noch die Wanderschäferei.

Einfaches Stromgerät, das mit einem 12-V-Akku betrieben wird.

Der Knotengeflecht-Draht ist als Festzaun installiert.

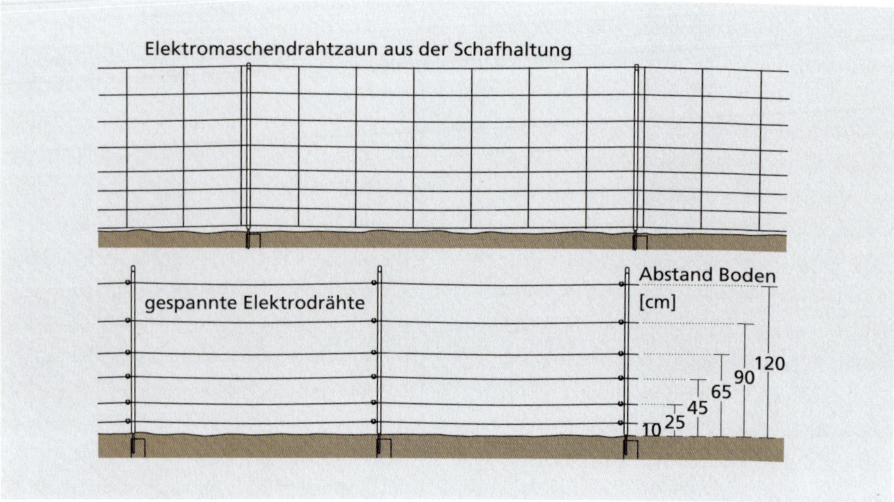

Elektrozäune: als Maschendraht oder in Form von gespannten Drähten

Für die Festeinzäunung von Schafweiden hat sich Knotengitterdraht besonders bewährt. Mit ihm lässt sich eine Fläche komplett und gut einzäunen. Wichtig ist, dass der Draht gut gespannt wird und die Ecken gut verstrebt werden, um Ausbruchsicherheit zu gewährleisten. Je strammer der Zaun steht, desto länger wird er halten und desto weniger werden die Schafe versuchen, ihn von unten hochzudrücken, um auf Nachbars Flächen zu grasen. Kleiner Nachteil: Es erfordert eine Menge Arbeit und etwas Geschick, um eine solche Einzäunung zu errichten. Großer Vorteil: Einmal eingezäunt, kann man die Weide immer wieder nutzen. Erwähnt sei aber, dass es leider heute nicht mehr jedem überall erlaubt ist, seine Flächen fest einzuzäunen. Bitte erkundigen Sie sich bei Ihrer zuständigen Gemeinde vor dem Bau genau, ob dieser auch gestattet ist.

Weitaus einfacher ist der Bau sogenannter mobiler Einzäunungen mit Elektronetzen oder Litzen.

Das klassische „Schafnetz“ ermöglicht eine kinderleichte und extrem ausbruchsichere Einzäunung fast jeder Fläche. Für besonders hügelige und unebene Flächen gibt es mittlerweile sogar Netze mit verstärkten, sogenannten „starren Senkrechten“. Diese gewährleisten eine gleichmäßige Standfestigkeit auf unebenen Böden. Oder man bedient sich des Litzensystems, eines ausgeklügelten Verfahrens, das vor allem das Zäunen in Waldrandlage und auf größeren unebenen Flächen erleichtert: Mittels Haspeln werden drei oder vier Litzen übereinander gespannt und durch das geschickte Platzieren von Plastikpfosten (ähnlich denen, die man aus der Pferdehaltung kennt) fixiert.

Bei beiden Verfahren wird die Ausbruchsicherheit durch das Anschließen eines Stromgerätes mit Batterie erzielt. Große Vorteile sind ganz klar die relativ kostengünstige Anschaffung, die Mobilität und die kinderleichte Bedienung. Außerdem ist mobiles Einzäunen in der Regel immer er-

laubt. Klarer Nachteil: Die mobilen Zaunsysteme werden über die Jahre nicht besser und jeder Weideumzug setzt vorherigen Zaunbau voraus.
Mit Hilfe dieser mobilen Systeme ist es Ihnen möglich, Ihre Weidefläche zu portionieren, sodass die Schafe täglich neue Weidefläche mittels „Umstecken" des Zaunes erhalten können. So ist ein gleichmäßiges Abfressen der Fläche bei deutlicher Reduktion des Endoparasitendrucks zu erzielen. Mobile Weidezäune findet man in jedem Landhandel oder auch im Internet. Bei den Elektronetzen empfehlen sich in jedem Fall die mit sogenannter Doppelspitze; zum einfachen Abtrennen auf der Festkoppel genügen auch die mit Einzelspitze. Diese sind aber unter Umständen schwerer in den Boden einzubringen.
Bei den meisten Schafen reicht eine Einzäunung von 90 cm Höhe. Sollten Sie Besitzer deutlich sprunggewaltigerer Schafe sein, wäre die etwas höhere Variante anzuraten. Grundsätzlich aber gilt immer: „Der beste Zaun ist gutes Futter." Soll heißen: Solange die Schafe auf ihrer Weide noch satt werden, wird keines den Versuch unternehmen, eigenständig die Weide zu wechseln. Wird das Futter allerdings knapp, so könnte das eine oder andere Schaf doch mal auf die Idee kommen, die Umzäunung auf Standfestigkeit zu überprüfen. Schafe sind aber weitaus weniger ausbruchsfreudig als beispielsweise Ziegen und im allgemeinen sehr standorttreu.

WEIDEUNTERSTÄNDE

Wenn Sie keine alten, ungefährlichen, schattenspendenden Bäume auf Ihrer Weide haben oder sich für die Wechselbeweidung entschieden haben und mit den Schafen immer weiterziehen, dann empfiehlt sich die Anschaffung eines mobilen Weideunterstandes.

Ein selbst gebauter, einfacher mobiler Unterstand mit Wasserfass

Einseitig offener Unterstand

Optimaler Schafstall mit Futtergang

Vor allem im Hochsommer werden Ihre Schafe dankbar sein für ein schattiges Plätzchen, aber auch bei starkem Regen sagt kein Schaf „Nein" zur Möglichkeit, sich unterzustellen.
Der Unterstand braucht kein Kunstwerk zu sein und sollte wirklich nur als Wetterschutz fungieren. Ein alter Traktoranhänger, ein alter Viehanhänger oder Ähnliches leisten hier meist schon sehr gute Dienste. Ihrer Fantasie sind keine Grenzen gesetzt. Die Funktionalität steht im Vordergrund. In meiner Schafhaltung haben mir beispielsweise alte Garagentore, auf ein altes Wagengestell aufgeschweißt, schon sehr gute Dienste geleistet. Ganz wichtig: Der Unterstand sollte mit wenigen Handgriffen leicht zu versetzen sein.

DER STALL

Der nächste Winter kommt bestimmt, und dann benötigen Ihre Schafe einen Stall. Haben Sie sich für eine sehr robuste, ursprüngliche Rasse und bestenfalls für eine Lammung im Frühjahr entschieden? Dann könnten Sie mit einem sogenannten Offenstall schon gut beraten sein. Die meisten Schafe schätzen auch im Winter die Bewegung im Freien. Bei der Offenstallhaltung steht ihnen ein von drei Seiten geschlossener Stall auf der Weide zur Verfügung; meist wird in diesem das Winterfutter gereicht und die Schafe haben immer die Möglichkeit, sich im trockenen und geschützten Stall aufzuhalten, nach Belieben im Freien auf der Weide nach dem letzten Gras zu suchen oder die winterliche Sonne zu genießen. Diese Stallform eignet sich, wie gesagt, für die Robustrassen.
Die wirtschaftlich bedeutsameren Rassen werden besser in reiner Stallhaltung überwintert. Ganz wichtig ist: Der Stall muss groß genug sein und über ausreichend gute Belüftung verfügen. Für zehn mittelgroße Schafe rechnet man 15 m^2 Grundfläche. Dies ist natürlich nur ein grober Richtwert. Zwar ist immer Platz in der kleinsten Hütte, aber eine optimale Haltung sollte sich schon an diesen Werten orientieren.
Der Neubau eines Schafstalles wird bei den meisten Kleinstschafhaltern nicht in Frage kommen und bedarf außerdem der Geneh-

Milchschafe im Stall im Fressgitter

migung durch die Gemeinde. So macht es Sinn, auf bereits vorhandene Scheunen, Ställe und Schuppen als Winterquartier zurückzugreifen und diese passend auszubauen. Achten Sie bei der Wahl Ihres Stalles, falls er nicht direkt am Wohnhaus liegt, auf eine gute Erreichbarkeit im Winter. Denn nichts ist mühsamer, als im Notfall nicht schnell und einfach genug am Stall sein zu können, weil alle Wege durch Schnee unbefahrbar sind.

Bedenken Sie auch (ich erwähnte es schon): Es gibt unter den Schafen sehr mitteilungsfreudige Exemplare. Und meistens sind es genau diese, die auch die Uhrzeit und somit Ihre Arbeitszeiten sehr genau kennen. Einer inneren (natürlich anerzogenen) Uhr folgend, werden diese Vierbeiner irgendwann damit beginnen, die Notwendigkeit der Fütterung zu passender Uhrzeit lautstark kundzutun. Ein täglich zur gleichen Zeit wehleidig, aber lautstark blökendes Schaf kann unter Umständen die friedvolle Nachbarschaft strapazieren.

Nun gilt es, die Inneneinrichtung zu planen. Sie sollten im Stall für alle Schafe genug Raum zum Fressen und zum Ruhen haben. Für den Bock empfiehlt sich eine Extrabox, aus der er seine Damen zwar sehen, sie aber nicht bedrängen kann. Außerdem sollten Sie unbedingt weitere Boxen in Reserve haben, sei es, um sie als Ablammboxen oder als Quarantäne-Stationen nutzen zu können, oder einfach nur, um einmal ein krankes Schaf zu separieren und es somit besser pflegen zu können.

Ferner ist es sinnvoll, ein Kraftfutterlager vor Ort zu haben, welches natürlich für die Schafe unerreichbar sein muss, damit sie sich nicht selbst bedienen und sich womöglich durch zu hohe Kraftfutteraufnahme in eine lebensgefährliche Lage bringen können. Außerdem macht es Sinn, das Heulager in der Nähe zu haben.

Ganz wichtig ist das sogenannte Stallklima. Für erwachsene Schafe sollte der Stall unbedingt trocken, kalt und hell sein. Wichtig ist, für eine gute Belüftung zu sorgen, allerdings unbedingt ohne Zugluft. Niemals darf es zu feuchten Wänden oder gar feuchten Wollvliesen kommen. Die Warmluft, die die Schafe abgeben, muss ihren Weg nach draußen und frische Luft den Weg hinein finden. Bei schlechter Belüftung kann es leicht

zu Atemwegsinfekten bis hin zur Lungenentzündung kommen.
Für die Lämmer sollte es im Stall eine etwas wärmere, aber nicht minder gut belüftete Ecke geben.
Wer über einen ausgesprochen warmen Stall verfügt, ist gut beraten, die Schafe vor dem Aufstallen nochmal zu scheren.
Der Stall sollte im Liegebereich mit Stroh ausgestreut sein, dies hat sich als Einstreu bewährt.
Nach der Ablammung erhalten die Lämmer durch einen sogenannten „Lämmerschlupf" die Möglichkeit, Kraftfutter aufzunehmen. Eine gezielte Zufütterung der Lämmer wirkt sich gut auf deren Vermarktung aus. Und mit Hilfe des Lämmerschlupfs ist es recht einfach, die Lämmer zuzufüttern, ohne dass deren Mütter ihnen etwas wegfressen.
Außerdem sollten im Stall sogenannte Raufen angebracht werden, aus denen die Schafe Heu aufnehmen. Diese Raufen sind leicht selbst gebaut oder auch in jedem Fachhandel käuflich zu erwerben. Achten Sie immer darauf, dass an der Raufe genügend Platz für alle Schafe ist. Zu viel Gedränge beim Fressen könnte sich ungünstig auf die Trächtigkeit der Tiere auswirken. 50 cm Raufenlänge sollten pro Schaf berechnet werden. Eine günstige Höhe für die Aufhängung ist (rasseabhängig) etwa 35–45 cm. Der Sprossenabstand sollte 6–7 cm nicht überschreiten. Ist er zu groß, fällt zu viel Heu aus der Raufe ungenutzt zu Boden, und außerdem steigt die Gefahr,

Eine klassische Heuraufe, in der den Schafen Raufutter angeboten wird

dass ein Tier sich darin festklemmt und verletzt.
Irgendwo im Stall muss für alle Tiere die Möglichkeit zum Trinken gegeben sein. Entweder nutzt man, falls möglich, eine sogenannte Selbsttränke für Schafe oder man bietet Wasser in einem ausreichend großen Kübel an. Dieser sollte unbedingt leicht erhöht stehen und so beschaffen sein, dass er nicht umgestürzt werden kann und dass sich auch kein Lamm darin ertränken kann. Es versteht sich von selbst, dass der Platz für das Wasser so gewählt ist, dass durch die Schafe kein Schmutz eingebracht werden kann.
Sie sehen, ein Schafstall will vor dem Einzug der Schafe gut geplant sein. Und auch bereits vorher sollten Sie überlegen, wie Sie nach der Stallzeit den angefallenen Mist am einfachsten aus dem Stall bekommen und wo Sie ihn entsorgen können. Schafmist ist ein hervorragender Dünger, der durchaus Verwendung auf dem Acker finden kann.

WASSER

Der Tagesbedarf der Tiere lässt sich nicht exakt angeben, ist er doch sehr stark abhängig von der Jahreszeit, dem Wassergehalt im Futter, der Luftfeuchtigkeit und Temperatur sowie natürlich dem aktuellen Zustand Ihrer Schafe: laktierend, frisch gelammt usw.
Im Frühling und Frühsommer auf einer „normalen“ Weide benötigen nicht laktierende Schafe kaum Wasser, da sie ihren Bedarf aus dem fast 80 %igen Wassergehalt des Grases ziehen können. Dennoch ist es natürlich Ihre Pflicht als verantwortungsvoller Schafhalter, Ihren Tieren zumindest die Möglichkeit zu bieten, frisches Wasser aufzunehmen. Milchgebende, also laktierende Tiere benötigen immer diese Möglichkeit, ihr Bedarf an Trinkwasser ist naturgemäß sehr viel höher.

Die Selbsttränke ist in optimaler Höhe angebracht.

An sehr heißen Tagen steigt das Verlangen nach Wasser naturgemäß an, und genauso sinkt natürlich der Wassergehalt im Gras in sehr trockenen Perioden und generell zum Ende des Sommers hin. Entsprechend steigt dann der Wasserbedarf Ihrer Tiere.
Als Regel gilt: je heißer die Tage, je trockener das Futter, desto höher der Wasserbedarf der Schafe, der natürlich weiter ansteigt, je mehr die Schafe „leisten“ müssen (Lämmeraufzucht).
Reichen Sie Ihren Schafen immer möglichst frisches und sauberes Wasser aus ebenso sauberen, geeigneten Gefäßen. Plastikkübel aus dem Baumarkt haben sich in der Praxis bewährt.
Achten Sie darauf, dass immer genügend Wasser zur Verfügung steht und dass die Tiere den Wasserbehälter nicht umwerfen

können. Optimal wäre, das Wasser aus einem Fass mit Selbsttränke anzubieten. Derlei Geräte lassen sich mit etwas Glück im Internet oder in gängigen Schäferzeitungen finden. Im Fass bleibt das Wasser kühl und frisch, man kann den Schafen eine große Menge zur Verfügung stellen und muss nicht jeden Tag schwere Kanister zur Weide transportieren. Durch die Selbsttränke findet außerdem so gut wie keine Verschmutzung des Wassers statt.

FUTTER

Wenn man sich mit der artgerechten Fütterung von Schafen beschäftigt, ist es zunächst einmal sinnvoll, sich mit dem Verdauungssystem dieser Tiere auseinanderzusetzen. Als ursprünglicher Steppenbewohner ist das Schaf darauf ausgerichtet, rohfaserreiche und schwer verdauliche Pflanzenteile aufzunehmen und diese möglichst zügig und effizient zu verwerten. Dies gelingt unseren Schafen durch ihr komplexes Verdauungssystem, bestehend aus vier Mägen und dem sogenannten „Wiederkäuen" der Nahrung (siehe Abbildung rechts).

Mit diesem Wiederkäuen können Schafe durchaus bis zu zehn Stunden täglich zubringen, allerdings wird meist in kleinen Zeitabschnitten wiedergekäut, mit einer längeren Phase am Mittag und zwei längeren Phasen in der Nacht.

Schafe nehmen ihre Nahrung auf und zerkauen sie nur grob. Sie wird dann abgeschluckt und landet zunächst im Pansen, dem „Kraftwerk" unserer Schafe. Dieser große Sack kann durchaus ein Fassungsvermögen von bis zu 20 Litern haben und ist eines der wichtigsten Organe. Bei einem neutralen pH-Wert (etwa bei 6,4–7,0) siedeln hier unzählige Mikroorganismen, die schwerverdauliche Rohfaser in energetisch günstig verdauliches Eiweiß umwandeln. Bei der Fütterung unserer Tiere müssen

Gutes Gras von der Weide ist das Hauptnahrungsmittel aller Schafe.

Aber auch Wurzelgemüse wird von den meisten Schafen sehr gerne gefressen.

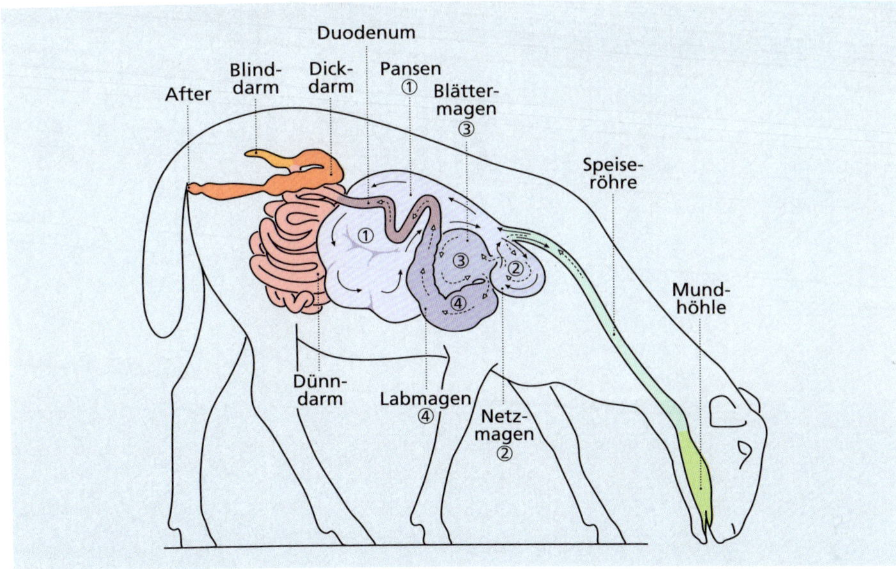

Schematische Darstellung des Verdauungsapparates eines Schafes (durchgezogener Pfeil: frisch zugeführtes Pflanzenmaterial, gestrichelter Pfeil: wiedergekäutes Material)

wir also darauf bedacht sein, es diesen kleinen Mitbewohnern der Schafe so schön und behaglich wie möglich zu machen, denn sie allein liefern letztlich dem Schaf die Energie, die es zum Leben braucht. Über den Blättermagen und schließlich den Netzmagen wird die Nahrung meist bereits ca. 30 Minuten nach der ersten Aufnahme hochgewürgt und das Schaf beginnt mit dem erneuten Zerkleinern der Nahrung. Hierfür nehmen sich die Tiere deutlich mehr Zeit und ziehen sich vor allem in den längeren Phasen des Wiederkäuens gerne auf ihre Lieblingsplätze zurück. Nach dem gründlichen erneuten Durchkauen der Nahrung landet diese schließlich zur endgültigen Verdauung im vierten Magen, dem Labmagen. In diesem und im anschließenden Dünn- bzw. Dickdarm werden dann alle Nährstoffe endgültig aufgespalten und komplett verdaut.

Entscheidend ist: Es muss dem Schaf unbedingt ein Futtermittel zur Verfügung stehen, mit dem der Rohfaserbedarf gedeckt werden kann und die Mikroorganismen des Pansens versorgt werden. Bei rohfaserarmer Fütterung kann es daher zu Verdauungsproblemen kommen. Dies sollte man bei der Fütterung immer bedenken!

GRÜNFUTTER

Zunächst gilt es, zwischen dem sogenannten Grünfutter und Raufutter sowie dem Kraftfutter und Zusatzfutter zu unterscheiden.

Als Grünfutter lässt sich zusammenfassend der Aufwuchs Ihrer Weide, also das Gras mit den bestenfalls vorhandenen Leguminosen und Kräutern bezeichnen. Mit diesem Grünfutter kann ein Schaf durchaus seinen Bedarf an Nährstoffen decken und somit wunderbar satt werden – vor-

Genüsslich weidet die Zackel-Aue das junge Gras ab. Es ist besonders nahrhaft.

ausgesetzt, die nötigen Nährstoffe sind vorhanden.

Sehr, sehr junges Gras weist eine hohe Eiweißkonzentration bei gleichzeitiger Rohfaserarmut auf. Dies wäre nun kontraproduktiv für das Leben der Mikroorganismen im Pansen, die durch diese Ernährung viel zu wenig Rohfaser bekommen. Das wäre dem Wohlbefinden des Schafes nicht zuträglich und es könnte zu Verdauungsproblemen kommen. Leider ist es aber so, dass Schafe den frischen kurzen Aufwuchs besonders lieben, besonders nach dem entbehrungsreichen langen Winter. Versuchen Sie also, Ihre Schafe langsam an das frische Grün zu gewöhnen, und reichen Sie in der frühen Phase des Graswachstums immer auch noch gutes Heu, um den Rohfaserbedarf zu decken.

Natürlich darf man im frischen Gras nicht nur die Nachteile sehen. Sofern die Tiere erstmal daran gewöhnt sind, wirkt sich das nahrhafte Grün ausgesprochen vorteilhaft auf die Milchproduktion und somit auf das Wachstum der Lämmer aus. Und schließlich wandeln auch bereits entwöhnte Lämmer im weiteren Wachstum das Eiweiß in Muskelmasse um, was dann natürlich gerade bei der Mast genutzt werden kann. Das Grünfutter ist also wichtig, es muss aber

darauf geachtet werden, dass man den Schafen und vor allem den nützlichen Mitbewohnern im Pansen genügend Zeit lässt, sich langsam an eine Futterumstellung zu gewöhnen.
Nutzen Sie Ihr Grünfutter daher gut aus: Weiden Sie Ihre Schafe im Frühjahr langsam an, das heißt, gewähren Sie ihnen zunächst nur einen kurzen Aufenthalt auf dem frischen Grün und verlängern Sie diesen über die nächsten zwei Wochen. Vielleicht haben Sie für den Anfang der Weidesaison noch eine überständige Fläche zur Verfügung, auf der sich die Schafe die jungen Triebe raussuchen können und bei deren gieriger Aufnahme auch noch rohfaserreiches altes Gras mit erwischen.
Auch im Hochsommer beim Grasen auf „fetter Weide" kann ab und zu ein bisschen gutes Heu gereicht werden. Dies wird auch meist von den Schafen gerne angenommen und sorgt für ein gutes Pansenmilieu.

RAUFUTTER

Neben dem Grünfutter ist natürlich das Raufutter ganz wichtig für eine gute Ernährung unserer Schafe. Ganz grob lässt sich unter Raufutter all jenes Futter zusammenfassen, welches einen hohen Anteil an Rohfaser hat – also vorrangig Heu und Stroh. Letzterem möchte ich hier nicht allzu viel Bedeutung beimessen, und tatsächlich spielt Stroh eine eher untergeordnete Rolle in der Schafernährung. Als Einstreu leistet es gute Dienste und an frischem Stroh wird auch immer mal gerne geknabbert, es hat aber keinen hohen Nährwert.
Weitaus wichtiger ist das Heu, also das getrocknete Gras der Wiese. Und hier muss gesagt werden: Heu ist nicht gleich Heu. Für die Ernährung unserer Tiere sollten wir auf die Qualität des Heus und seinen Nährwert achten. Hierzu ist besonders wichtig, wann es gemäht und wie es geerntet wurde – sofern man es nicht selbst gemäht und eingefahren hat. Zur Ernte von qualitativ hochwertigem Heu ist man als Landwirt unweigerlich vom Wetter abhängig. Gutes Heu lässt sich nur gewinnen, wenn es zwei, maximal drei Tage von allen Seiten gut durchtrocknen konnte und garantiert nicht nass geworden ist. Bei jedem Regen werden wertvolle Nährstoffe regelrecht ausgewaschen und sind verloren, außerdem steigt das Risiko von Schimmel beim späteren Ballenpressen. Konnte das Heu also trocken geerntet werden?
Dann die Frage nach dem „Wann": Das Gras hat seinen höchsten Nährstoffgehalt kurz vor der Blüte. In dieser Zeit geschnitten, liefert es als Heu auch den größten

FUTTERUMSTELLUNGEN

Futterumstellungen sind immer besonders langsam und schonend vorzunehmen, um den Mikroorganismen im Pansen genügend Zeit zu lassen, sich an die neue Nahrung zu gewöhnen. Bei zu rascher Futterumstellung (besonders bei jungem Gras im Frühjahr) kommt es zum Absterben der Mikroorganismen und damit zu einer Veränderung des Pansenmilieus und zu schweren Verdauungsstörungen.
Genauso wichtig ist die dosierte und wohlüberlegte Gabe von Kraftfutter. Hier niemals überfüttern, da sonst ebenfalls durch Pansenübersäuerung mit erheblichen Verdauungsstörungen zu rechnen ist. Vorsicht: Ein derart komplexes Verdauungssystem wie das der Schafe kann Fütterungsfehler nicht allzu gut verkraften, diese können dann durchaus einen tödlichen Ausgang nehmen.

Hier liegt gutes Raufutter auf dem Futtertisch.

GUTES HEU

Gutes Heu zu erkennen, ist wichtig und gar nicht so schwierig. Nahrhaftes, qualitativ hochwertiges Heu hat eine mattgrüne Farbe, duftet nach Kräutern und riecht frisch und angenehm. Es lässt sich leicht auseinanderziehen und staubt nicht. Solches Heu wird gerne aufgenommen und sorgt für eine optimale Ernährung. Geschnitten vor der Blüte, verfügt es über den höchsten Nährstoffgehalt. Heu sollte auf keinen Fall staubig sein oder gar schimmelig. Auch eine gelbliche oder gar braune Farbe spricht nicht für Qualität, und wenn es gar für Ihre Nase schon muffig riecht, dann bieten Sie es Ihren Schafen gar nicht erst an.

Nährwert. Dieser Nährwert ist natürlich auch davon abhängig, was an Pflanzen gemäht wurde, ob die Wiese also über eine hohe Artenvielfalt verfügt oder eher einer Monokultur gleicht. Ersteres wäre erstrebenswert, Letzteres ist leider allzu oft der Fall. Ein hoher Anteil vor allem an Wildkräutern sorgt für ein wohlriechendes Heu, welches besonders gerne aufgenommen wird. Diese Kräuter wirken besonders belebend auf Drüsenfunktionen und Blutkreislauf des Schafs und sorgen für eine gute Verdauung.

Je älter die Pflanzen werden, desto niedriger ist der Eiweißgehalt und desto höher der Rohfasergehalt. Das ist erstmal nicht schlimm, die Schafe müssen dann aber weitaus mehr Heu fressen, um ihren Eiweißbedarf zu decken. Ab einer gewissen Herdengröße ist das dann schlicht ein Rechenexempel. Abgesehen davon wirkt sich gutes, wohlriechendes und schmackhaftes Heu auch nachhaltig auf das Wohlbefinden der Tiere aus. Gutes Heu wird immer gerne gefressen und liefert vor allem im Winter die Basis für eine artgerechte Ernährung.

SILAGE

Ein weiteres sehr hochwertiges Futtermittel, das ich mal vorsichtig als Zwischending zwischen Grün- und Raufutter bezeichnen möchte, ist die Silage. Hier wird das geschnittene Grün nicht zu Ende getrocknet, sondern noch recht frisch und somit gehaltvoll luftdicht verpackt. Silage ist somit ein hochwertiges Futter, das in seinem Nährstoffgehalt weitaus näher am Grünfutter ist und damit gerade im Winter, in der Trag- und Säugezeit, den Schafen als wichtiger Energielieferant zur Verfügung stehen kann. Allerdings ist es unbedingt nötig, dass dieses Futtermittel fachkundig gewonnen wird. Denn bei unsachgemäßer Silierung bzw. bei zu langer Lagerung der Silage vor der Fütterung können sich Listerien darin vermehren. Diese Bakterien verursachen Listeriose, die beim Schaf sehr oft zum Tod führt. Ich betrachte dieses Futtermittel daher kritisch. Einerseits kann durch gute Silage wirklich ein hoher Nährstoffbedarf gedeckt werden, andererseits ist das Verfüttern eben nicht ganz ungefährlich. Viele Schäfer schwören auf die Silagefütterung, andere lehnen sie ab.

Die meisten Schafe fressen Silage sehr gerne und können aus guter Silage einen sehr großen Teil ihres Eiweißbedarfs decken, was gerade in der Zeit, in der die Lämmer gesäugt werden, wichtig ist.

KRAFTFUTTER

Besondere Situationen im Leben eines Schafes machen unter Umständen die Gabe von Kraftfutter notwendig. Unabdingbar ist dies sicher im letzten Drittel der Trächtigkeit und während der Säugezeit bis zum Austrieb auf die Weide, oder aber auch, wenn ein Schaf nach einer überstandenen Krankheit aufgepäppelt werden muss. Kraftfutter dient der Deckung des erhöhten Eiweißbedarfes – aus welchen Gründen auch immer.

Das Durchschnittsschaf ohne körperliche Belastung, fern jeder Mast, deckt seinen Bedarf aus gut strukturiertem Grün- und Raufutter. Kraftfutter kommt also immer nur wohldosiert zum Einsatz. Im Handel sind einige Kraftfuttermittel in pelletierter Form erhältlich, die schon auf die jeweiligen

Beim Kraftfutter macht's die Mischung – entweder als Pellets oder selbst gemischt.

Fast alle Schafe nehmen von ihren Menschen gerne kleine Leckerbissen entgegen.

Im Herbst sinkt der Nährwert des Grases, die Weide bietet weniger Futter.

In solchem Gras gedeihen Lämmer am besten, sollten sich aber langsam gewöhnen.

Bedürfnisse zugeschnitten und auch so gekennzeichnet sind (Extra-Futter für Lämmer, Milchfutter für Schafe usw.).
Dies ist für Kleinstschafhalter sicher die einfachste Form der Kraftfuttergabe, aber ab einer gewissen Herdengröße ist dies schlichtweg zu teuer. Eine gute Kraftfuttergabe kann auch durch die gezielte Fütterung einer Mischung aus eiweißreichem Getreide und Melasseschnitzeln erreicht werden. Hafer und Weizen zu gleichen Teilen, vielleicht etwas Mais, alles gequetscht oder gebrochen, eine gute Portion Melasseschnitzel und ein wenig Sojaschrot reichen dem Durchschnittsschaf zur Deckung des erhöhten Bedarfs.
Nun ist klar, dass eine Skudde weitaus weniger Kraftfutter benötigt als ein schweres Suffolkschaf. Daher ist es schwer, genau anzugeben, wie viel pro Tier nun genau gefüttert werden sollte. Grundsätzlich sollten für ein 80-kg-Muttertier 500 g Kraftfutter täglich keinesfalls überschritten werden. Mit weitaus eiweißhaltigeren Futtermitteln wie beispielsweise Luzernepellets oder Erbsen lässt sich die Menge der Ration weiter verringern.
Grundsätzlich sollte man bei der Gabe allzu eiweißreicher Futtermittel vorsichtig sein. Der Pansen ist auf karge, rohfaserreiche Kost ausgelegt, nicht auf „Eiweißbomben“. Der Eiweißbedarf laktierender Schafe ist zwar enorm und die Mastlämmer erreichen das angestrebte Gewicht natürlich auch besser mit ein wenig Zufütterung, dennoch kann zu viel Kraftfutter dem Gedeihen und vor allem dem gesunden Wachstum abträglich sein. Dies sollten Sie stets im Auge behalten, wenn Sie Kraftfutter einsetzen. Eine gute Lammung mit vitalen Lämmern und munteren Mutterschafen setzt gewiss die Gabe von Kraftfutter voraus, allerdings ist hier wirklich auf die Dosis zu achten, und Ihre Schafe müssen unbedingt langsam an die eiweißreichen Futtermittel gewöhnt werden.

SAFTFUTTER

Einen großen Gefallen hingegen tun Sie Ihren Tieren mit der Gabe von sogenanntem Saftfutter. Dazu zählen Obst und Gemüse. Sicher ist hier auch nicht jedes Gemüse und Obst geeignet, das meiste aber bekommt den Schafen außerordentlich gut und sorgt für eine beliebte Auffrischung des Winterfutters. Möhren und Rote Bete, Zuckerrüben oder auch mal eine Salatgurke, etwas zerkleinert und zugeschnitten, sind sehr bekömmlich und werden ebenso gerne genommen wie Äpfel und Birnen. Natürlich wieder der Hinweis: langsam daran gewöhnen, niemals zu viel! Aber in Maßen gefüttert, freuen sich Ihre Tiere ebenso darauf wie Sie vielleicht abends auf Ihre Tüte Chips, und das Obst und Gemüse der Schafe wäre dann auch noch weitaus gesünder.

MINERALIEN

Unbedingt erwähnt werden muss noch der Mineralleckstein. Die Gabe von Mineralien ist zwingend notwendig, da diese in unseren Breiten kaum mehr in ausreichender Menge aus der Natur aufgenommen werden können. Die wichtigsten Mineralien, die unsere Schafe zum Leben benötigen, sind Salz (NaCl), Kalzium (Ca) und Phosphor (P). Kalzium und Phosphor sollten im Verhältnis 2,5 : 1 vorliegen.
Natürlich gibt es noch weitaus mehr Mineralien, deren Gabe sich auf die Gesundheit der Schafe positiv auswirkt, und letztlich

können all diese durch eine Mineralmischung oder einen Mineralleckstein abgedeckt werden. Im Fachhandel gibt es diverse Mischungen, und der sogenannte Mineralleckstein oder die Mineralleckschale haben sich in der Praxis bewährt. In der Regel decken alle diese Produkte der verschiedenen Firmen den notwendigen Bedarf des Durchschnittsschafes, und die Tiere sind bei freiem Zugang zum Mineralleckstein auch meist gut versorgt.

Eine Ausnahme bildet das Selen (Se). Es kann meist mit dem Futter nicht in genügender Menge aufgenommen werden, und gerade Lämmer oder Tiere im Wachstum und geschwächte Tiere sollten nach der Geburt bzw. bei Bedarf eine Selen-Vitamin-B-Mischung vom Tierarzt mittels Spritze verabreicht bekommen.

Des Weiteren mag zu besonderen Zeiten, im tragenden oder laktierenden Zustand, die erhöhte Gabe von Mineralien sinnvoll sein, das sollte aber im Einzelfall zunächst vom Tierarzt geprüft werden.

Bringen Sie den Leckstein so an, dass er nicht durch Kot oder Urin verunreinigt werden kann, nicht vom Regenwasser ausgewaschen wird und für alle Schafe leicht erreichbar und stets verfügbar ist. Es gibt im Fachhandel, besonders für Pferdehalter, spezielle Halterungen für Minerallecksteine. Diese lassen sich im Stall, im Unterstand oder auch am mobilen Unterstand leicht anbringen, so dass sie für die Schafe gut zu erreichen sind. Auch bewährt hat es sich, einen Pfahl in die Erde einzuschlagen und den Stein mittels eines großen Nagels darauf zu fixieren. Hier bleibt allerdings der Nachteil, dass der Stein durch Niederschlag ausgewaschen wird und sich so rasch auflöst.

Manchmal freuen sich Schafe auch über dünne Zweige und Laub, wie dieses Muffelwild.

Vorsicht ist geboten beim Element Kupfer (Cu), dieses sollte nicht oder nur in sehr geringen Mengen im Futter enthalten sein, denn auf dieses reagieren Schafe sehr empfindlich und könnten Schaden nehmen. Besonders wichtig ist, für eine genügende Selen-Aufnahme zu sorgen, am besten mittels Spritze unter die Haut. Bei Ihrem Tierarzt bekommen Sie geeignete Präparate.

Ein Salz- oder Mineralleckstein sollte den Schafen zur freien Verfügung stehen.

WEIDENACHBARN

Schafe als Inbegriff des friedlichen Weidetieres werden natürlich seit jeher zusammen mit anderen Nutztieren gehalten und in frühester Zeit war es durchaus üblich, dass sich die Tiere eines Hofes die Weiden und den Stall teilten. Bei der Haltung mehrerer Arten auf begrenztem Raum gibt es allerdings einiges zu beachten. Nicht jeder kann mit jedem, und nicht jeder Umgang ist ein guter, so ist das auch im Tierreich.
Schafe und Ziegen, beides Wiederkäuer, sind weidetechnisch und sicher auch in Bezug auf das Verhalten und die Größe die optimale Kombination. In der Ernährung treten sie nicht zwingend in Konkurrenz, da die Ziege zunächst immer versuchen wird, Buschwerk und jede Form von Bäumen und Sträuchern für sich zu gewinnen. Im Verhalten wird das friedliche Schaf der forschen Ziege immer nachgeben und ihr gerne die höheren Ruheplätze und die Führung der Herde überlassen. Ziegen und Schafe mögen sich gerne eine Weide teilen, werden vielleicht auch die Sicherheit der gemeinsamen Herde genießen, haben sich aber ansonsten nicht viel zu sagen. In der

Ziegen und Schafe ergänzen sich gut, leben aber mehr nebeneinander als miteinander.

Landschaftspflege werden sehr oft gemischte Herden aus Schafen und Ziegen eingesetzt, und das hat sich sehr bewährt.
Auch ich halte meine Ziegen zusammen mit meinen Schafen und kann darin bisher keinerlei Nachteile finden. Gerne werden Ziegen eingesetzt, um mit ihrer nahrhaften Milch verwaisten Schaflämmern als Amme zu dienen. Dies wird die kluge Ziege aber niemals freiwillig tun, sondern die Schaflämmer nur trinken lassen, wenn sie dabei festgehalten wird.
Allerdings funktioniert die gemischte Haltung meist nur im Freien auf der Weide gut, im engen Stall können Ziegen den Schafen schon sehr zusetzen. Denn fast nichts ist unberechenbarer als eine Ziege, die sich langweilt. Und im Stall langweilen sich Ziegen sehr, außerdem unterschreiten die Schafe notgedrungen immerzu den Individualabstand der Ziegen, was diese nur allzu gern dazu veranlasst, den Schafen mitunter heftige Stöße zu versetzen. Im Stall sollte man also Schafe und Ziegen getrennt unterbringen oder eben für genügend Raum sorgen.
Schafe und Rinder tolerieren sich ähnlich gut wie die kleinen Wiederkäuer und neiden sich ebenfalls ihr Futter nicht. Beide Arten verbringen viel und zumeist ähnliche Zeiten mit dem Wiederkäuen und haben ohnedies einen recht ähnlichen Tagesablauf. Durch den tieferen Verbiss der Schafe profitiert auch die Grasnarbe von der Gemeinschaft der beiden Wiederkäuer. Allerdings sollte man unbedingt die Toleranz der Individuen im Auge behalten. Eine unsensible Kuh kann einem unvorsichtigen Schaf schon gefährlich werden. Ein Konflikt wird für das Schaf immer böse ausgehen.

DER GOLDENE TRITT

Da Schafe ihr relativ leichtes Gewicht auf vier Füße bzw. Klauenpaare verteilen, schaden sie bei der Beweidung der Grasnarbe nicht, verdichten den Boden nicht und lockern diesen vielmehr vorsichtig auf, sodass der Samen der Weidepflanzen wieder leichten Halt findet.
Im Zusammenhang mit dieser Wohltat für die Grasnarbe spricht man vom „goldenen Tritt" der Schafe. Diese Phänomen wird in der Landschaftspflege sehr geschätzt.

Schafe und Pferde harmonieren ebenfalls weitaus besser miteinander als leider oftmals ihre Besitzer. Hartnäckig hält sich die Mär von der Verwurmung der Pferdeweide durch Schafe, dies kann aber keinesfalls bestätigt werden. Im Gegenteil ist es so, dass die Weide wieder von dieser Tiergemeinschaft profitiert. Allerdings ist ein Überbesatz unbedingt zu vermeiden. Pferde verbeißen noch tiefer als Schafe und vedichten zudem den Boden durch ihre Hufe und das Gewicht. Der „goldene Tritt" der Schafe kann der Verdichtung entgegenwirken und sie weiden auch gerne noch die Stellen ab, die die Pferde verschmähen. Für die Weidepflege also eine optimale Lösung. Aber auch hier gilt: Die Individuen müssen harmonieren. Ich habe es schon oft erlebt, dass Pferde, die keine Schafe kennen, regelrecht panisch reagieren, sobald sie an einer Schafweide vorbeikommen und sich die Schafe neugierig in Kniehöhe nähern.
Schafe und Esel findet man vor allem bei großen Wanderschafherden. Hier werden oft einige Esel mitgeführt, da man ihnen eine hohe Wachsamkeit nachsagt und sich die Langohren in der Tat als Wächter und vor allem Beschützer gegen Wolf und Luchs

Oft sieht man in größeren Schafherden Esel. Sie tragen nicht nur das Equipment des Schäfers, sondern sollen die Herde auch vor Angreifern schützen.

bewährt haben. Für die Kleinstschafhalter ist diese Kombination natürlich genauso machbar wie die gemeinsame Haltung von Schaf und Pferd.
Schwieriger wird es bei der Gemeinschaftshaltung von Schafen und Geflügel. Schafe und Gänse stehen in direkter Nahrungskonkurrenz und sollten daher keine gemeinsame Weide haben. Wenn, dann sollten die Gänse die Weide der Schafe nachweiden.
Schafe und Enten ergänzen sich da weitaus besser, denn diese treten kaum in Nahrungskonkurrenz. Im Gegenteil ist es so, dass die Enten ganz gezielt nach Schnecken und Insekten suchen; bei ihrer Suche verteilen sie den Schafkot, der dann schneller vergeht. Die Schnecken sind Zwischenwirte für Endoparasiten der Schafe, und wenn nun Enten die Schnecken vertilgen, wirken sie damit der Parasitenbelastung der Schafe entgegen. Großer Nachteil dieser Haltung ist aber der Entenkot, der leider viele schädliche Keime enthält. Bei einer gemeinsamen Haltung sollte also unbedingt darauf geachtet werden, nicht zu viele Enten zu halten und ihnen eine Wasserstelle zu schaffen, die von den Schafen nicht aufgesucht werden kann. Das kann der Keimbelastung entgegenwirken.
Von der gemeinsamen Haltung von Schafen und Hühnern ist abzuraten. Zu hoch ist die Keimbelastung durch den Hühnerkot, außerdem können Hautmilben vom Federvieh zum Schaf übersiedeln. Schaden nimmt überdies die Grasnarbe, denn die Hühner scharren bei der Nahrungssuche gern und viel und zerstören dabei die Grasnarbe fast unwiderruflich.

PFLEGEMASSNAHMEN

Welche Pflegemaßnahmen fallen in der Schafhaltung an und wie viel Zeit muss man dafür aufbringen? Die Antwort hängt von den Gegebenheiten und den praktischen Umständen Ihrer Schafhaltung ab. Haben Sie z. B. weite Wege zur Weide? Sind die Weiden weit voneinander entfernt? Halten Sie Ihre Tiere im Festzaun oder in Elektronetzen? Und so weiter. Grundsätzlich müssen wir auch unterscheiden zwischen der Pflege der Weide und der Pflege der Tiere. Fangen wir mit der Weide an.

WEIDEPFLEGE

Wie schon beschrieben, ist es im Hinblick auf den Endoparasitendruck ratsam, auf der Fläche, die den Schafen zur Verfügung steht, eine Wechselbeweidung vorzunehmen. Nun werden aber die Schafe ihre Wiese nicht vollständig kurz fressen. Sinnvoll ist es daher, die Weidefläche im zeitigen Frühjahr zu „schleppen", also die Oberfläche mittels Schleppe und Traktor zu ebnen, Maulwurfshügel und überstehendes, altes Gras zu glätten. Der Aufwuchs ist dann gleichmäßiger, und nur auf einer geschleppten Fläche lässt sich im Zweifelsfall gutes Heu ernten. Schleppen kann man nur bei möglichst trockenem Wetter.

Wenn es sich um eine fest eingezäunte Weide handelt, wäre im zeitigen Frühjahr, also vor dem Austrieb der Tiere, auch der richtige Zeitpunkt, um den Zaun zu kontrollieren und ggf. zu reparieren. Morsche Pfosten, lose oder kaputte Drähte sind nun unbedingt zu ersetzen.

Im Laufe der Weidesaison wird die Grasnarbe mehr oder weniger stark beansprucht. Gut beraten ist derjenige, der seinen Flächen auch Ruhe zur Erholung gibt. Nach dem Weiden empfiehlt es sich, die Fläche zu mulchen. Hierbei werden die Pflanzenteile gekürzt, die den Schafen nicht geschmeckt haben und die sich ohne Mulchen den anderen Pflanzen gegenüber im Wachstumsvorteil befinden. Das würde über kurz oder lang zu einem Ausbreiten genau jener Pflanzen führen, die die Tiere *nicht* mögen und womöglich in einer Monokultur enden. Ein weiterer Vorteil beim Mulchen ist das Zerteilen des Schafkotes und das Glätten der Fläche. Danach sollte sich die Weide erholen dürfen bis zum nächsten Beweiden oder aber auch bis zum Mähen. Je größer der Zeitabstand zwischen den Beweidungen ist, desto kleiner hält man den Parasitendruck.

Vor dem Winter sollte der letzte Aufwuchs nochmals abgefressen werden und ggf. abermals gemulcht werden. Je abgefressener die Fläche in den Winter geht, desto leichter fallen die Arbeiten im Frühjahr und desto schöner wird das Gras im Frühjahr austreiben.

PFLEGE DER TIERE

Die Pflege der Schafe dürfte insgesamt ein wenig zeitaufwändiger sein als die der Weide, wobei ich an dieser Stelle nochmals betonen möchte, dass ein gesundes Schaf bei guter Haltung zu den am einfachsten und unkompliziertesten zu haltenden Nutztieren gehört. Schafe stellen keine allzu großen Ansprüche an ihre Besitzer und sind wirklich pflegeleicht. Trotzdem werden verschiedene Arbeiten anfallen, die Sie für eine optimale Haltung Ihrer Tiere nun mal auf sich nehmen müssen.

Mit den selbstverständlichsten und einfachsten möchte ich beginnen: Kontrollieren Sie täglich das Trinkwasser Ihrer Tiere. Ist es stets in ausreichender Menge vorhanden und ist es, wie schon erwähnt, sauber? Auch sollten Sie täglich ein Auge auf das Futter haben: Im Winter geben Sie die Menge vor und erfassen den Bedarf an Heu und Kraftfutter, das versteht sich von selbst. Aber auch im Sommer ist es sinnvoll, das Fressverhalten Ihrer Tiere im Auge zu haben. Entwickeln Sie einen Blick dafür, wie lange Sie Ihre Schafe auf der zugeteilten Parzelle weiden lassen können. Neigt sich das Gras dem Ende zu, müssen Sie umkoppeln, also entweder Ihre Schafe zum nächsten Weidegrund bringen oder ihnen eine neue Fläche zuteilen. Natürlich werden verwöhnte Tiere schon sehr frühzeitig mitteilen, dass ihnen das Futterangebot nicht mehr behagt. Lernen Sie schnell zu unterscheiden, ob hier auf hohem Niveau gejammert wird oder tatsächlich das Nahrungsangebot nicht mehr reicht. Durch zu frühes Umkoppeln verzieht man sich seine Tiere und sie werden in der Folge die Flächen nicht mehr „sauber" abfressen. Zu spätes Umkoppeln hingegen verleitet die Schafe, sich aus der Not heraus dem Aufwuchs in der Nachbarschaft zuzuwenden. Bei einem Festzaun werden die Schafe ihre Köpfe durch die Maschen stecken und den Zaun immer mehr nach außen drücken, dabei werden sowohl der Draht als auch die Pfosten in Mitleidenschaft gezogen und auf Dauer unbrauchbar. Bei einem Elektro-

Auf zur neuen Weide! Regelmäßige Umtriebe sind unerlässlich.

Zur Kontrolle und Behandlung wird die Herde „gepfercht".

netz werden Ihre Schafe dasselbe auf Stromführung testen oder ebenfalls versuchen, den Kopf durch die Maschen zu stecken. Für gehörnte Tiere kann dieses Vorhaben tödlich ausgehen. Beim Zurückziehen des Kopfes bleiben sie hängen und erliegen schließlich entweder ihrer Panik oder dem Strom. Oder sie strangulieren sich bis zum Tod. Das ist vermeidbar. Die alte Schäferweisheit „Der beste Zaun ist gutes Futter!" ist also sehr zutreffend.

Beobachten Sie also täglich das schwindende Gras Ihrer Weidefläche und handeln Sie nicht zu spät. Sie werden ganz sicher ein Gefühl dafür entwickeln und bald herausfinden, ob Sie Ihre Tiere noch einen Tag „stehen lassen" können oder ob Sie, auch wenn es womöglich gar nicht in die Planung passt, doch noch umkoppeln müssen. Aus Erfahrung weiß man natürlich: Gerade dann, wenn man noch was ganz anderes vorhat, entpuppt sich die Weide, die man gestern noch für sattgrün und voller Gras befunden hat, als komplett abgefressen. Das sollten Sie für die künftige Schafhaltung unbedingt unter „Schicksal" verbuchen und sich frühzeitig daran gewöhnen.

Apropos beobachten: Nehmen Sie sich täglich einige Minuten Zeit, um Ihren Tieren einfach zuzusehen: Sind alle munter? Käuen sie wieder? Begrüßen sie Sie und sind aufmerksam? Fressen alle? Geht vielleicht eines lahm?

All diese Fragen sollten Sie beantworten können, wenn Sie Ihre Tiere einfach beobachten. Mit der Zeit werden Sie dafür einen Blick entwickeln. Kontrollieren Sie also den Gesundheitszustand Ihrer Tiere zunächst durch diese Beobachtung. Im Kapitel „Krankheiten" (Seite 82) wird erläutert, was Sie bei dieser Kontrolle auf keinen Fall feststellen sollten.

Und ganz wichtig bei Weiden mit Elektrozäunen, gleich ob Litze oder Netz: Prüfen

IM JAHRESRHYTHMUS

Versuchen Sie, die notwendigen Arbeiten an der Herde und der Weide den Jahreszeiten entsprechend zu erledigen: Im zeitigen Frühjahr werden Sie die meiste Zeit mit dem Instandsetzen der Weide und der Zäune zubringen, dann wird die Lammzeit den Großteil Ihrer Aufmerksamkeit benötigen. Dann steht die Schur an und bald darauf die Heuernte. So verteilen sich die Arbeitsspitzen naturgemäß auf die Jahreszeiten. Versuchen Sie, da möglichst mit der Natur zu arbeiten, und folgen Sie dem Rhythmus, den uns die Jahreszeiten und die Schafe vorgeben.

Sie einmal täglich mit einem Zaunprüfer die Leitfähigkeit der Umzäunung und kontrollieren Sie die Batterie. Klugerweise haben Sie natürlich immer eine Ersatzbatterie zur Hand, um diese im Zweifelsfall auswechseln zu können. Schafe sind weitaus zauntoleranter als Ziegen, dennoch sollte man die Gutmütigkeit seiner Schafe nicht allzu sehr ausnutzen. Einen Tag ohne Strom verzeihen die Tiere sicher bei genügend Futter, aber sinnvoll ist das nicht. Worauf man unbedingt achten muss: In jeder Herde gibt es „schwarze Schafe", die gelernt haben, den Zaun zu überspringen oder unter ihm durchzuschlüpfen. Sie bringen ihren Kolleginnen dieses unschöne Verhalten bei. Umerziehen ist möglich, aber effektiver trennt man sich von diesen Tieren.
Dies alles sind Arbeiten, die täglich anfallen, aber auch sehr einfach zu verrichten sind. Wesentlich aufwändiger sind weitere Arbeiten, die nicht täglich, aber doch mehr oder weniger regelmäßig zu verrichten sind. Dazu zählt die notwendige Schur der Schafe, die Klauenpflege, die regelmäßige Wurmkur und ggf. das Melken.

KLAUENPFLEGE

Schafe sind Paarhufer. Ihre Fußsohlen werden aber nicht als Hufe, sondern als Klauen bezeichnet. Ausgelegt sind diese dafür, auf hartem, trockenem Boden dem Tier möglichst gute Dienste zu leisten und langes Wandern zu ermöglichen. Dem Mufflon geben seine Klauen größtmöglichen Halt auch auf schwierigem Gelände und ermöglichen ihm stets eine rasche und trittsichere Flucht.
In der Schafhaltung muss man den Klauen besondere Aufmerksamkeit schenken. Naturgemäß wächst das Horn der Schafklaue in Koppelhaltung schneller, als es sich die Tiere durch Bewegung abnutzen können, zumal die Böden in den seltensten Fällen hart und trocken sind. Demnach bringt es die Haltung von Schafen mit sich, dass die Klauen regelmäßig gekürzt werden bzw. ein Korrekturschnitt vorgenommen wird.
Dies sollte folgendermaßen geschehen: Als Erstes setzen Sie das Schaf auf seinen Hintern. Halten Sie dabei den Kopf und ein Vorderbein fest und beugen Sie sich nun vornüber über das Tier. Die meisten Schafe verharren duldsam in dieser Pose, wenn man sie erst mal „umgewuchtet" hat. Nun kürzen Sie die Klauen, indem Sie überstehendes Horn mit einem Klauenmesser oder einer Klauenschere entlang des unbelebten Teils der Klaue abschneiden. Anschließend kürzen Sie mit geradem Schnitt noch einen Teil der Sohle, um ein gleichmäßiges Auffußen zu ermöglichen. Schaffen Sie so eine ebene, gerade Fläche.
Vorsicht, vermeiden Sie allzu tiefe Schnitte und vermeiden Sie es auch, in den belebten Teil der Klaue einzuschneiden. Es erfordert gewiss etwas Übung, bis Sie diese Technik beherrschen. Lassen Sie sich das

Klauenschneiden unbedingt von einem erfahrenen Schafhalter zeigen. Wenn Sie die Möglichkeit haben, üben Sie den Schnitt an abgetrennten Gliedmaßen von Schlachttieren. Oder Sie besuchen einen Klauenpflegekurs, den die Schafzuchtverbände regelmäßig anbieten.

Unsachgemäß geschnittene Klauen verursachen dem Tier erhebliche Schmerzen und schaden somit mehr als sie nutzen. Verwahrloste Klauen sind aber auch eine Qual für das Tier. Beim Klauenschnitt macht die Übung den Meister, daher üben Sie das Klauenschneiden so oft es geht oder notwendig ist.

Das Wachstum der Klauen ist rasseabhängig und abhängig von Jahreszeit und Bodenbeschaffenheit. Einige Rassen haben ein immenses Klauenwachstum, da ihre Klauen auf die Haltung in ganz bestimmten Gebieten ausgelegt sind und das nicht immer gewährleistet oder berücksichtigt werden kann. Meine Bergschafe z. B. sind prädestiniert für die Haltung auf steilen,

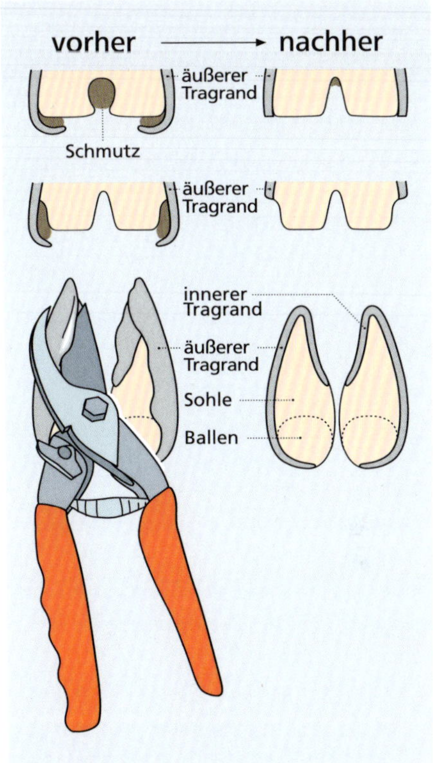

Der Klauenschnitt beim Schaf in schematischer Darstellung

Hier ist der Klauenschnitt bei einem Schaf in der Praxis zu sehen.

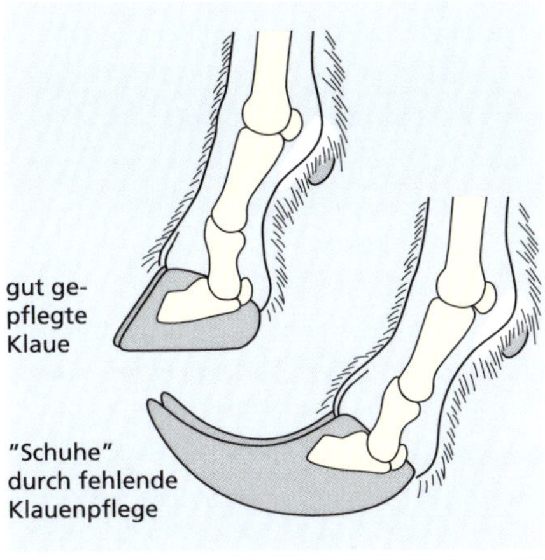

Durch zu lange Klauen entstehen „Schuhe", die das Schaf beim Laufen behindern.

felsigen Böden und ihre Klauen sprießen daher geradezu bei normaler Koppelhaltung. Ein regelmäßiger, häufiger Schnitt ist daher unabdingbar. Während man bei anderen Rassen nur alle zehn bis zwölf Wochen nachschneiden muss, korrigiere ich bei meinen Bergschafen notgedrungen alle sechs bis acht Wochen.

SCHAFSCHUR

Eine weitere jährlich wiederkehrende Pflegemaßnahme ist die Schafschur. Letztlich sind unsere Schafe dafür gezüchtet worden, uns neben Fleisch und ggf. Milch auch mit Wolle zu versorgen. Aus dieser wurden bzw. werden wertvolle Kleidungsstücke angefertigt.
Leider ist es im Laufe der Zeit dazu gekommen, dass man zur Textilproduktion auf Schafwolle nicht mehr angewiesen ist. Heutzutage muss man das eigentlich hochwertige Naturprodukt Wolle fast als „Abfall" ansehen. Ein Gewinn oder zumindest eine Kostendeckung ist leider mit der Wolle der Tiere kaum mehr zu erzielen.
Dennoch produzieren Schafe Wolle, sofern es sich nicht um sogenannte Haarschafe wie z. B. Kamerun, Wiltshire Horn oder Tiere der Nolana Rasse handelt und es gehört zu unserer Pflicht, den Tieren mindestens einmal, ggf. auch zweimal jährlich aus der Jacke zu helfen.
Scheren kann man lernen, wieder in vom Schafzuchtverband angebotenen Kursen oder auch beim befreundeten erfahrenen Schafhalter. Und für Kleinstbetriebe mit wenigen Tieren mag dies auch durchaus praktikabel sein. Für größere Betriebe ist dieses Unterfangen meist sehr unwirtschaftlich und nicht zuletzt auch sehr Bandscheiben-unfreundlich.

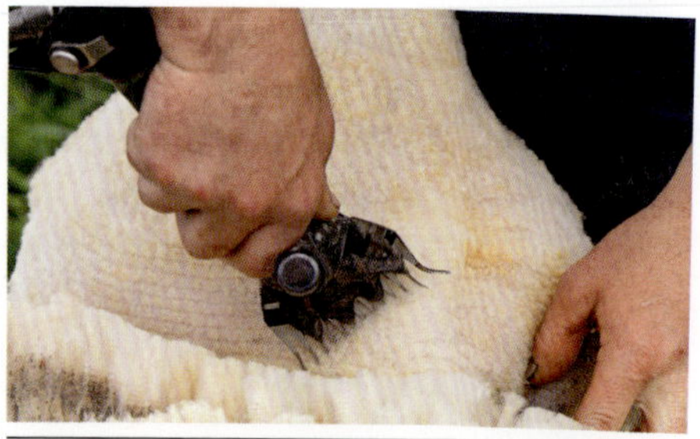

Möglichst nah an der Haut schert es sich am besten.

So fixiert, erduldet das Schaf die Prozedur am ehesten.

Auch hinter den Ohren muss die neue Frisur sitzen!

Stolz tragen die Mädchen das sauber geschorene Bergschafvlies.

Professionelle Schafscherer finden sich auch in Ihrer Nähe. Ein Anruf beim Verein oder dem Schafhalter Ihres Vertrauens hilft sicher weiter. Und auch in einschlägigen Fachzeitschriften bieten Schafscherer ihre Dienste an. Ein guter Scherer mit dem nötigen Equipment schert ein Durchschnittsschaf in weniger als zwei Minuten. Und dies in den meisten Fällen auch ausgesprochen schafschonend und sauber, ohne Schnittwunden.

Der Zeitpunkt der Schur sollte gut gewählt sein. Die Wolle Ihrer Tiere sollte bereits „abgewachsen" sein, d. h. im Prinzip wechselt das Tier bereits vom Winter- zum Sommerfell. Letzteres wächst unter der dichten Wolldecke nach, und so kann man fast davon sprechen, dass sich die alte Decke etwas vom Körper löst. Meist ist dies, natürlich auch abhängig von Haltungsform und Rasse, etwa im Mai der Fall. Zu dieser Zeit gibt es in der Regel schon einige warme Tage, die Lämmer sind schon aus dem Gröbsten raus und das Schaf ist durch das frische Gras gut genährt und fit.
Versuchen Sie, möglichst frühzeitig einen Schurtermin mit dem Scherer Ihrer Wahl zu vereinbaren, denn mit Sicherheit wird zu dieser Zeit fast jeder Schafhalter mit der gleichen Idee an den Scherer herantreten. Bauen Sie darauf, dass der Wettergott Ihnen gewogen ist, und hoffen Sie auf schönes Wetter. Nur trockene Schafe können geschoren werden! Wenn Sie nicht die Möglichkeit haben, Ihre Tiere zwei Tage vor der Schur aufzustallen, so sollten Sie unbedingt darauf hoffen, dass sie nicht mehr vom Frühlingsregen durchnässt werden. Versuchen Sie, auf die Erfahrung der vergangenen Jahre zu bauen und sich einen Schurtermin in einer Zeit zu suchen, in der man auf gutes Wetter hoffen kann.
Auch nach dem Scheren sollte es trocken und halbwegs warm, vor allem frostfrei sein. Andernfalls können Sie Ihre Tiere nicht auf der Weide lassen. Sie brauchen ein wenig Zeit, um sich an die plötzliche „frische Kühle" zu gewöhnen. Vor allem kalte Nässe könnte da durchaus zu Lungenentzündung und damit einhergehend zum Tod führen. Daher sollte der Zeitpunkt der Schur gut gewählt sein!

Geschafft – die Schafe sind frisch geschoren und der alten Wolle entledigt.

TIPPS ZUR SCHUR

Geschoren werden sollten alle Schafe (mit Ausnahme der Haarschafe) mindestens einmal im Jahr nach dem „Abwachsen" der alten Wolle. Nur trockene Schafe können geschoren werden. Wählen Sie einen Zeitraum im Jahr, zu dem mit einer Schönwetterperiode zu rechnen ist.
Lämmer vom Frühjahr müssen noch nicht geschoren werden. Wenn diese aber im Sommer geschoren werden, entwickeln sie sich meist zum Herbst hin noch etwas besser.
Die Schur steigert durchaus das Wohlbefinden der Tiere, regt den Kreislauf an und meist nehmen geschorene Schafe auch deutlich mehr Nahrung auf, was sich bei den Lämmern unweigerlich am Wachstum bemerkbar macht. Ein ruhiges und stressfreies Behandeln der Tiere während der Schur ist unabdingbar und kann durch eine Sortieranlage gewährleistet werden.

Außerdem sollten Ihre Schafe zur Schur in gutem Allgemeinzustand sein. Ein kräftiges, wohlgenährtes Schaf lässt sich viel besser scheren als ein mageres Tier.
Einige Rassen sollten zweimal im Jahr geschoren werden, da das Wachstum ihrer Wolle noch schneller vonstattengeht als beim Durchschnittsschaf. Dazu zählen die meisten Bergschafe und Steinschafe. Die zweite Schur sollte entweder im späten August/September oder kurz vor dem Einzug in den Stall erfolgen. Werden Schafe komplett aufgestallt, kann ohnehin eine Schur kurz vorm Aufstallen die reinste Wohltat für die Tiere sein und ihre Leistungsfähigkeit erheblich steigern.
Es gibt einige Rassen, die ihrem Schafscherer die Tränen in die Augen treiben dürften, damit müssen Sie leben und ggf. ein extra Bierchen zur Versöhnung reichen.

Dazu zählen die meisten grobwolligen Landschafe wie die Heidschnucke oder die Skudde und deren nähere Verwandte. Diese lassen sich meist sehr schwer scheren und die Schnuckenwolle ist leider auch nicht sehr begehrt.
Aber alle Schafe, gleich welcher Rasse, blühen nach der Schur richtig auf. Aus der schweren und heißen Wolldecke befreit, steigen sowohl der Appetit als auch die Marschfähigkeit und die Lebensfreude. Das Wohlbefinden wird noch betont durch den nun nicht mehr vorherrschenden Juckreiz der alten, toten Haare. Für alle Tiere ist das Scheren damit ein alljährlicher Gewinn an Lebensqualität und somit auch ein wichtiger Aspekt zur Gesunderhaltung. Eine stressfrei und gut durchgeführte Schur ist somit auch praktizierter Tierschutz.

MELKEN

Schafsmilch gehört zu den allergieärmsten und bekömmlichsten Lebensmitteln.
Wenn Sie sich für die Haltung von Milchschafen entschieden haben, dann haben Sie sicher die zeitintensivste Form der Schafhaltung gewählt. Denn dann zählt das Melken zu Ihren täglichen Aufgaben.
Nicht alle Schafrassen geben ergiebig Milch, daher wird man zum Gewinn von Schafmilch sicher das Ostfriesische Milchschaf oder das Lacaune heranziehen.
Wenn Sie sich also mit dem Gedanken befassen, von Ihren Schafen Milch und in der Folge Käse zu gewinnen, dann ist Ihr Tagesablauf während der Laktationszeit der Tiere vorgegeben. Ihre Tiere folgen einer inneren Uhr und werden bald die Zeiten kennen, zu denen gemolken wird. Melken

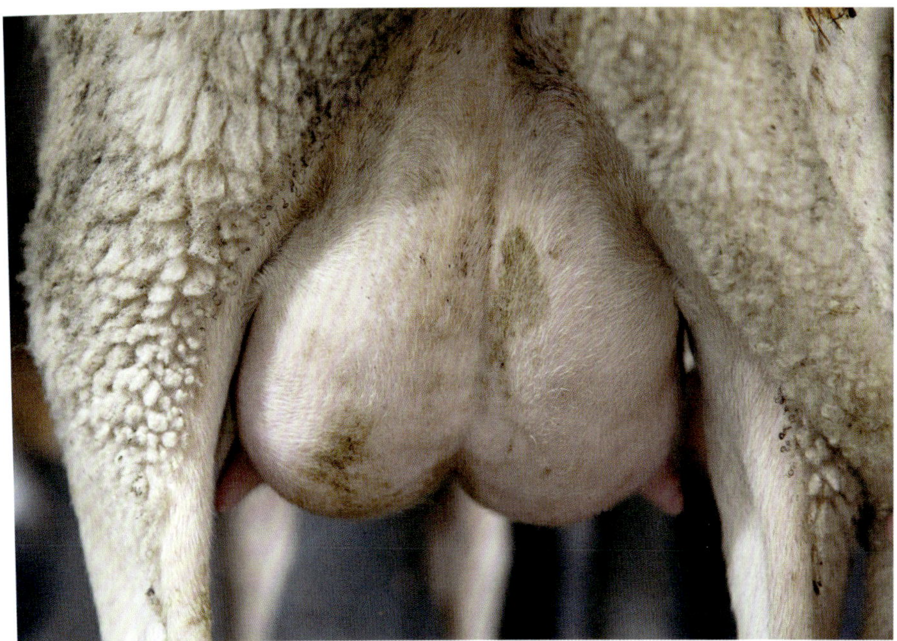

Ein hoch „aufgehangenes“ und gut geformtes Euter beim Milchschaf

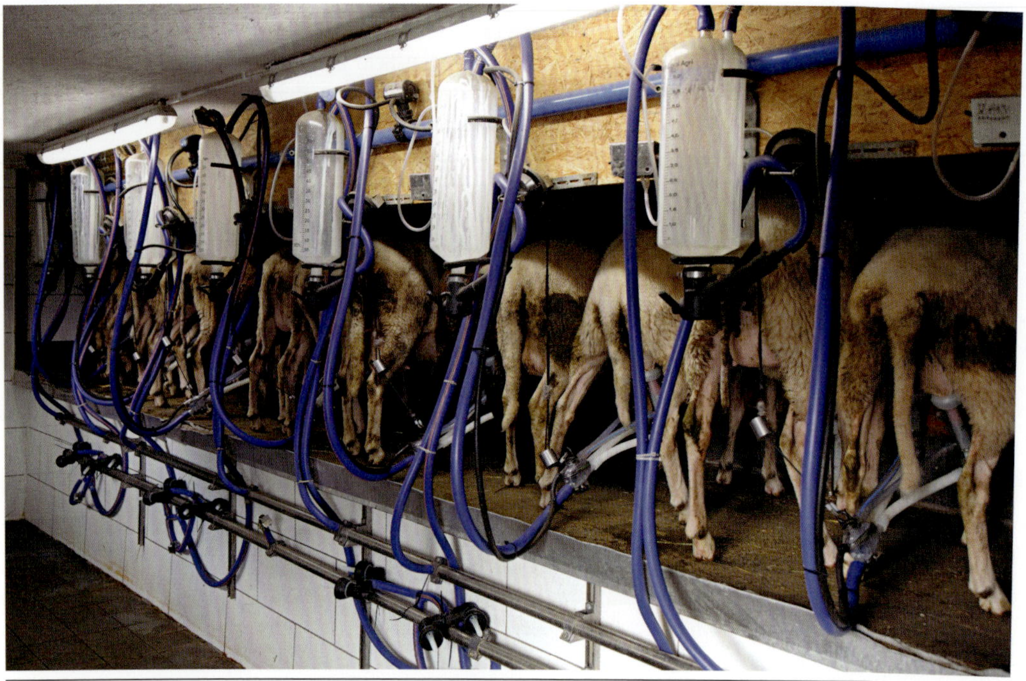

Milchschafe auf dem Melkstand in einem Bio-Betrieb

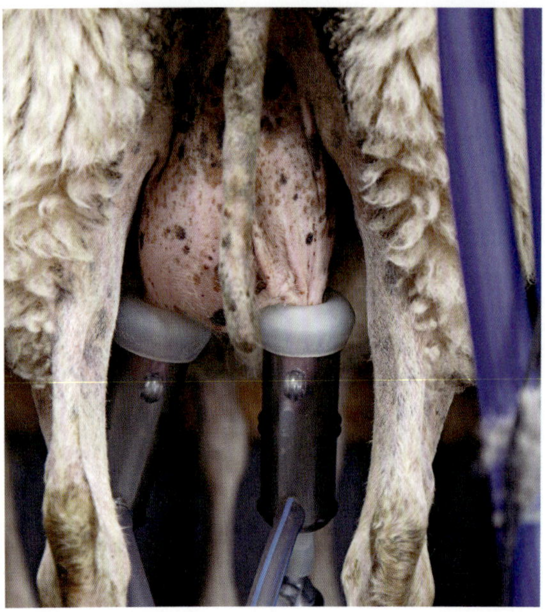

Die Melkmaschine im Einsatz

VORAUSSETZUNGEN

Um Schafe melken zu können, müssen diese gelammt haben, und das alljährlich. Vor der Geburt der Lämmer müssen die Schafe „trocken stehen", d. h. das Euter und auch das Schaf bekommen die notwendige Zeit zur Regeneration, um sich zu erholen und auf die neue Laktation vorzubereiten. In dieser Zeit werden die Tiere nicht gemolken. In der Regel werden Sie zur Milchgewinnung Milchschafe halten, diese werden schnell zahm und haben eine hohe Milchleistung. Die meisten anderen Rassen eignen sich kaum zur wirtschaftlichen Gewinnung von Schafmilch.

sollten Sie mindestens ein-, aber besser zweimal täglich: einmal am Morgen, und einmal am Abend. Und wenn möglich in etwa zur gleichen Zeit.
Bei einigen wenigen Tieren ist das Melken von Hand sicher machbar und durchaus praktikabel. Bei einer größeren Herde werden Sie um eine Melkmaschine kaum herumkommen. Die meisten Milchschafe sind ausgesprochen zahm, was den Umgang mit dem Menschen und den Vorgang des Melkens erheblich erleichtert. Sowohl beim Handmelken als auch beim maschinellen Melken sollten die Tiere in einem „Melkstand" fixiert werden. Dies gelingt am besten über die Gabe von Futter in einem Fressgitter.
Sie sollten – wie immer beim Umgang mit Schafen – hier im Besonderen eine gewisse Ruhe an den Tag legen. Gerade Schafe, die das Melken noch nicht gewohnt sind, werden womöglich hastige Bewegungen schlecht oder gar nicht tolerieren. Nähern Sie sich also ruhig und mit Bedacht. Durch leichtes Streicheln am Euter wird das Schaf „angerüstet" und zur Milchabgabe stimuliert. Beim maschinellen Melken wird nun die Maschine angehängt, beim Handmelken beginnen Sie nach dem Anrüsten mit dem Ausmelken der Euterhälften. Ich persönlich finde das „Fausten" sowohl für Mensch als auch für das Tier am angenehmsten: Nehmen Sie die Zitze des Euters in die halbgeschlossene Faust und beginnen Sie – vom Zeigefinger bis zum kleinen Finger – nach und nach damit, durch das Schließen der Finger die Milch aus dem Euter zu pressen. Gehen Sie behutsam vor, das Euter ist ein sehr empfindliches Organ und verdient eine ausgesprochen vorsichtige Behandlung.

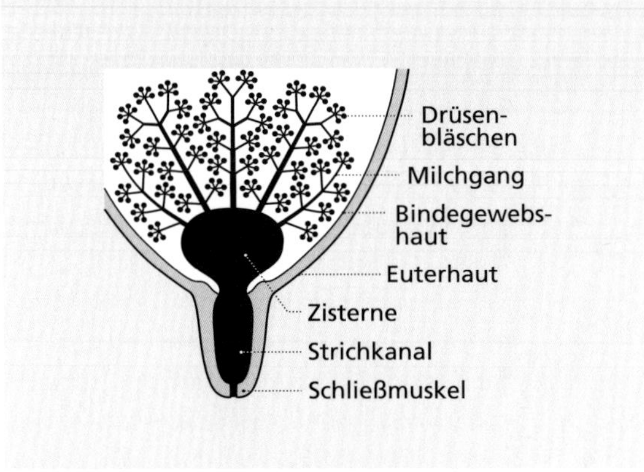

Schematische Darstellung des Euters

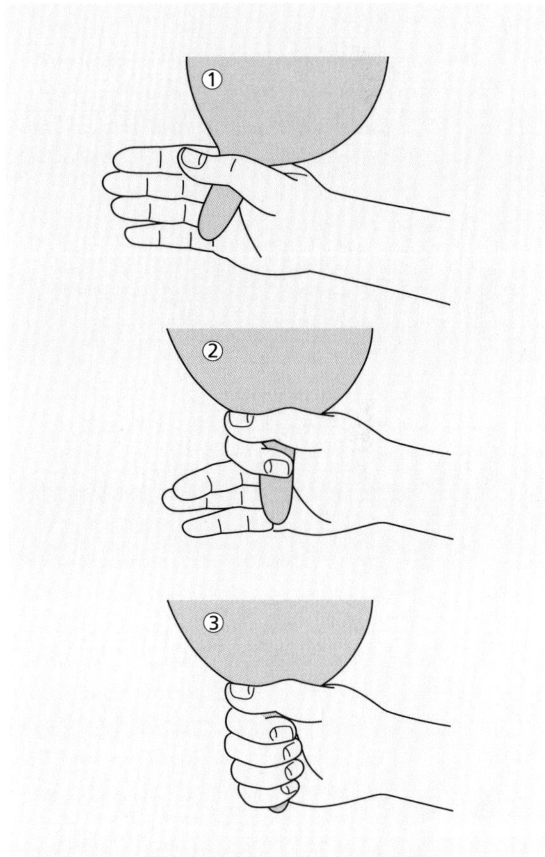

Das Handmelken (Fausten)

Ganz klar macht hier Übung den Meister. Am Anfang wird es sicher sowohl für Sie als auch für die Schafe kein Vergnügen sein, aber seien Sie beruhigt, das wird schon. Melken Sie so lange, bis das Eutergewebe komplett erschlafft ist und keine Milch mehr in die Zitzen gelangt.
Gute Milchschafe in der Blüte ihrer Jahre geben bei guter Fütterung zwei bis drei Liter Milch täglich. Dass nur als Orientierung. Bedenken sollten Sie, dass Schafe und Ziegen den Gipfel ihrer Leistung in der zweiten und dritten Laktation haben. Danach nimmt die Milchleistung langsam ab. Schaffen Sie also eine gute Herdenstruktur, wenn Sie wirtschaftlich und langfristig melken wollen. Bedenken Sie, dass ältere Schafe ggf. „aussortiert" und deren Plätze frühzeitig mit jungen Tieren besetzt werden müssen, um eine gleichmäßige Herdenleistung zu sichern.
Sicher werden Sie aus der meisten Milch Käse erzeugen wollen, dazu mehr im letzten Kapitel (S. 116).

DER WEIDEUMTRIEB

Wie schon beschrieben, bringt es die Schafhaltung mit sich, dass man von Zeit zu Zeit die Weidefläche wechseln muss. Entweder, um dem bereits erwähnten Parasitendruck vorzubeugen, oder ganz pragmatisch, weil die Schafe ihre bisherige Weide komplett leergefressen haben. Es gibt nun mehrere Möglichkeiten der Durchführung. Sollten Sie Ihre Schafe auf großer Fläche mit Elektronetzen in Parzellen halten, so wäre es die einfachste Variante, wenn Sie an der alten Fläche eine neue einzäunen und die Schafe einfach hinüberlaufen lassen.

Mit quirligen Lämmern wird selbst ein routinierter Umtrieb zum Erlebnis!

Den täglichen Weg zum Melken kennen die Milchschafe fast von alleine.

Leichter hat man es da mit vierbeiniger Unterstützung.

Wenn Sie fest eingezäunte Weiden haben und diese, wie es meistens so ist, nicht direkt nebeneinander liegen, werden Sie die Tiere zwangsläufig entweder per Anhänger oder zu Fuß zur neuen Weide bringen. Beide Varianten setzen relativ zutrauliche und zahme Schafe voraus.

Da Sie sich natürlich auf den Tag X, also den Tag des ersten Umtriebs, sehr gut vorbereitet haben, wissen Ihre Tiere, dass in dem roten Eimer, der da so raschelt, immer und ausnahmslos Leckerchen in Form von Äpfeln, Möhren oder Hafer serviert werden. Alle Ihre Schafe haben das hoffentlich gelernt und würden nun alles, aber auch wirklich alles tun, um an den Inhalt dieses Eimers zu kommen.

Wenn Sie mit dem Anhänger umziehen möchten, stellen Sie diesen an den Eingang der Weide und bauen nach Möglichkeit ein E-Netz oder Horden um die Rampe des Anhängers. Locken Sie die Schafe zunächst in diesen Pferch und geben Sie ihnen ein paar Leckerchen aus besagtem Eimer. Gönnen Sie sich und den Tieren nun zwei Minuten zum Durchatmen. Hektik und Nervosität wären komplett deplatziert. Mit Sicherheit werden Sie ein Schaf in Ihrer Gruppe haben, das den Braten jetzt schon gerochen hat. Bleiben Sie dennoch ruhig und entspannt. Locken Sie die Schafe nun mit stoischer Gelassenheit und dem Eimer auf den Anhänger. Besorgen Sie sich eine Hilfe, die vielleicht etwas Nachdruck ausübt und die Schafe vorsichtig hinter Ihnen hertreibt. Diese zweite Person sollte auch die Rampe des Hängers schließen, sobald alle Schafe eingestiegen sind.

Version zwei, der Umtrieb zu Fuß, basiert wieder auf der Eimermethode. Locken Sie Ihre Schafe in aller Ruhe mit dem berühmten Eimer hinter sich her und sichern Sie sich die Hilfe einer zweiten Person zu, die Ihnen Ihre Schafe nachtreibt. Kinder und Ehegatten sind für diesen Job geradezu prädestiniert, aber manchmal auch leicht genervt, sollte man die Dienste allzu oft in Anspruch nehmen.

Abermals gilt: Bleiben Sie ruhig und gehen Sie stoisch mit dem Eimer raschelnd Ihren Weg. Leider haben viele Schafe die Unart, sich vor Fremdem oder Unvorhersehbarem schlagartig so zu erschrecken, dass sie in blinder Flucht davonrennen. Dies kann ein Auto, ein kläffender Hund, ein fremder Mensch oder auch ein Busch, Baum oder Strauch sein. Versuchen Sie also immer, möglichst bekannte und überschaubare Wege zu gehen und genügend Lockmittel im Eimer zu haben. Orientieren Sie sich immer am Leitschaf der Gruppe. Das ist nie der Bock, sondern in der Regel ein erfahrenes Mutterschaf. Ihr gilt all Ihr Interesse. Sie ist es, die Sie überzeugen müssen, Ihnen zu folgen. Schafe sind durchaus lernfähig. Wenn sie immer dieselben Wege beim Umtrieb zurücklegen, wenn immer die gleichen Helfer und immer der gleiche Eimer ihre Unterstützung sind, dann wissen die Schafe sehr bald, was Sache ist und werden Ihnen ruhig und gesittet folgen.

Ein Weideumtrieb kann durchaus auch Spaß machen und muss nicht unbedingt problematisch sein.

TIPPS FÜR DEN UMTRIEB

Beim Weideumtrieb gilt unbedingt: Bewahren Sie Ruhe und Gelassenheit. Gewöhnen Sie Ihre Schafe frühzeitig an einen Eimer mit Futter. Wenn Sie immer den gleichen Eimer nehmen und Ihre Schafe wissen lassen, dass darin immer etwas Leckeres zu futtern ist, dann werden sie bald alles tun, um an den Inhalt dieses Eimers zu gelangen. Machen Sie sich das zunutze und lassen Sie Ihre Schafe beim Umtrieb immer diesem Eimer folgen. Versuchen Sie, so gut es geht, durch überschaubares Gelände umzutreiben. Schafe hassen es, in die Enge getrieben zu werden oder durch eine Enge hindurch zu müssen.

Geschlossene Räume (wie etwa Anhänger) sind ihnen unheimlich. Gewöhnen Sie Ihre Tiere daran. Locken Sie sie oft genug in einen dichten Pferch oder in einen Anhänger, ohne diesen zu schließen. Geben Sie Ihren Tieren das Gefühl, dass ihnen dort nichts passiert. Und sichern Sie sich beim Umtrieb die Mithilfe einer zweiten Person zu. Sicher ist sicher.

Je größer die Herde, umso häufiger muss umgetrieben werden.

HÜTEHUNDE UND IHR EINSATZ

Es soll nicht unerwähnt bleiben, dass ein gut ausgebildeter und vor allem gut veranlagter Hütehund Ihnen im Umgang mit Ihren Schafen und vor allem beim Umtreiben eine große Hilfe sein kann und gerade dem ehelichen Frieden durchaus zuträglich sein kann. Daher möchte ich im Folgenden detailliert auf den Einsatz eines Hütehundes eingehen.

Ob die Hündin den Blackface-Bock zur Mitarbeit überreden kann?

Ein gut ausgebildeter Hütehund ist ein Segen für die Schafhaltung, ersetzt Ihnen täglich mindestens einen Helfer und sorgt für einen reibungslosen Ablauf bei vielen anfallenden Arbeiten, vor allem beim Schafe fangen, sortieren oder treiben. Das Ganze letztlich für eine Schüssel Futter und etwas Zuneigung.

Aber auch hier gilt, bei aller Begeisterung: Die Anschaffung eines Hundes will gut überlegt sein. Es gibt da einige Punkte, auf die Sie unbedingt achten sollten. Nicht jeder Hund wird gleichermaßen talentiert und/oder für Ihren Betrieb geeignet sein.

RASSEN UND TYPEN

Es gibt verschiedene Hunderassen, die alle auf ihre Art sehr speziell arbeiten und daher den Einsatz an der Herde finden sollten, der dem Rassetyp entspricht.

Sie alle kennen die großen Wanderherden, die stets von mindestens zwei Hunden gearbeitet werden, die entlang der „Ackerfurche" patrouillieren. Bei diesen Hunden handelt es sich zumeist um Altdeutsche Hütehunde. Diese gibt es in verschiedenen „Schlägen", den Tiger, den Strobel, den Fuchs usw., oder es handelt sich um Schaf-

Border-Collie-Hündin in typischer Arbeitshaltung

Altdeutscher Hütehund im Einsatz: Die Harzer Füchsin sichert beim Hüten die Furche.

Man sollte bei den Schafen immer seinen Arbeitskollegen dabei haben.

pudel. Allen ist ihre Arbeitsweise gemein. Es sind meist größere Hunde von stattlicher Statur, die unermüdlich eine ihnen zugewiesene Grenze „wehren" und kein Schaf dieselbe überqueren lassen. Diese Hunde besitzen eine enorme Ausdauer und folgen ihrer Bestimmung schier unermüdlich. Auch beim Treiben „wehren" sie die Seiten und sorgen so dafür, dass die Herde ihrem Schäfer folgt.

Einige französische Hütehunde wie der Briard arbeiteten ursprünglich nach ähnlichem Schema. Leider werden diese Hunde schon lange nicht mehr auf Leistungsmerkmale hin gezüchtet, sodass hier meist vom ursprünglichen Talent nicht mehr viel geblieben ist und sich diese Hunde daher kaum mehr für die Arbeit an der Herde eignen.

Der Altdeutsche Hütehund in all seinen Facetten und Typen ist ein hervorragender Hund für die Arbeit an der großen Herde. Für die Feinarbeit mit nur wenigen Schafen ist er nur sehr bedingt geeignet. Sein Repertoire entfaltet er in Perfektion an einer Herde ab mindestens 100 Tieren, und hier ist er ein unentbehrlicher Helfer, wenn es darum geht, die Schafe auf einer Fläche zu fixieren. Seine Arbeitsweise ist eher etwas gröber, und renitente Schafe werden im Zweifelsfall auch mal mit einem Biss wieder auf den Pfad der Tugend geführt. Das Einsatzgebiet des Altdeutschen bleibt daher sicher eher die Wanderschäferei.

Für die Koppelschäferei, also die Haltung der Schafe auf festen Weiden und Koppeln, haben sich zwei ausländische Hunderassen etabliert: der aus Australien stammende Kelpie und zum anderen der aus dem Grenzgebiet zwischen Schottland und England stammende Border Collie. Vor allem Letzte-

rer trat Anfang der 70er-Jahre seinen Siegeszug in der kontinentalen Schafhaltung an und ist seitdem aus dieser nicht mehr wegzudenken.
Sein australischer Kollege ist auf diesen Zug etwas später aufgesprungen, zeigt sich aber nicht minder talentiert für die Koppelschäferei und sei an dieser Stelle auch wärmstens empfohlen. Beide Hunde zeichnet eine hohe Trainierbarkeit, eine starke Affinität zum Vieh und ein bedingungsloser Arbeitswille bei sehr hoher Auffassungsgabe aus.
Sowohl Kelpie als auch Border Collie arbeiten in der klassischen geduckten Arbeitshaltung, die dem Anschleichen des Wolfes an seine Beute gleicht. Beide Rassen arbeiten durch Blickfixierung, d. h. die Schafe werden durch starres und bedrohliches Anstarren gebannt und zur koordinierten Flucht veranlasst.
Im direkten Vergleich geht der Kelpie etwas energischer und vielleicht etwas „derber" zur Sache. Im Allgemeinen arbeitet der Kelpie lieber näher an den Schafen und zeigt sich evtl. ein bisschen aufrechter bei der Arbeit.
Der Border Collie hingegen zeigt sich meistens auch auf große Distanzen zuverlässig. Ein guter Border Collie kann sowohl selbstständig als auch in enger Kooperation mit dem Schäfer arbeiten und folgt seinen Anweisungen aufs Wort.
Man möge es mir verzeihen, ich bin befangen, aber der Border Collie darf mit Fug und Recht als der optimale Koppelgebrauchshund bezeichnet werden. Durch ihre hohe Arbeitsbereitschaft, ihre enorme Leistungsfähigkeit und Ausdauer und eine brillante Auffassungsgabe bei gleichzeitig bedingungsloser Kooperationsbereitschaft hat sich diese Hunderasse als Helfer in der Schafhaltung prädestiniert. Ein guter Border Collie hilft bei allen anfallenden Arbeiten in der Koppelschäferei und dies verlässlich bis zu einer Herdengröße von bis zu 200 Tieren.
Egal für welchen vierbeinigen Helfer Sie sich entscheiden, es gilt auch hier einiges zu beachten. Sie müssen sich im Klaren darüber sein, dass der neue Mitarbeiter – obwohl er Ihnen gewiss eine Arbeitserleichterung sein wird – auch einige Zeit und Kosten in Anspruch nehmen wird. Regelmäßige Wurmkuren und Impfungen sowie hochwertiges Futter sollten zum Haltungsstandard für Ihren Hund gehören.
Und um nachher nicht frustriert zu sein, sollten Sie auf jeden Fall bei der Wahl Ihres neuen Arbeitskollegen sehr gut aufpassen. Wählen Sie als Allererstes die Rasse, die für die bei Ihnen anfallende Arbeit passt. Überlegen Sie dann, ob Sie einen bereits ausgebildeten Hund oder doch lieber einen Welpen erwerben wollen. Aus Erfahrung

HÜTEHUNDRASSEN

Es gibt eine Vielzahl von Hütehundrassen. Nicht alle sind gleichermaßen gut für alle Sparten der Schafhaltung geeignet. Besonders hervorgetan haben sich der Altdeutsche Hütehund an den großen Herden und der Border Collie und der Kelpie in der Koppelschafhaltung. Die meisten anderen Rassen werden leider nicht mehr auf Leistung gezüchtet, und hier ist es dann vom Individuum abhängig, ob noch Talent ererbt wurde oder eher nicht. Die Ausbildung von mindertalentierten Hund kann gelingen, ist aber sehr mühsam und meist sowohl für den Besitzer als auch den Hund sehr frustrierend.

Der starre Blick der Border-Collie-Hündin ist fest und überzeugend auf die Schafe gerichtet.

empfehle ich dem Hütehund-Anfänger immer gerne einen Welpen, da der neue Hundehalter gemeinsam mit seinem vierbeinigen Partner in die Arbeit reinwachsen kann. Ein ausgebildeter Hund mag zwar sofort einsetzbar sein, die Schwächen seines neuen Hundeführers wird er aber sofort erkennen und zu seinem Vorteil nutzen. So oder so, beide Varianten haben Vor- und Nachteile, die es vorab zu bedenken gilt.

DEN RICHTIGEN HUND FINDEN

Wenn Sie sich darüber klar geworden sind, welcher Typ Hund bei Ihnen einziehen soll, lassen Sie sich von guten Züchtern beraten. Bitte vermeiden Sie den Kauf von Welpen ohne fundierten Abstammungsnachweis. Der Spruch „Papiere hüten nicht" ist mehr als unsinnig. Sicher ist der Kauf von Welpen oder Junghunden mit Papieren etwas teurer, allerdings lässt sich anhand der Abstammung schon erkennen, ob der Hund wirklich auf Leistung selektiert wurde und seine Vorfahren gesund, talentiert und ggf. sogar leistungsgeprüft waren. Die Wahrscheinlichkeit, einen mindertalentierten Hund zu erwerben, wird damit erheblich reduziert. Nur ein gesunder und talentierter Hund kann die Leistung bringen, die Sie benötigen!
Lassen Sie sich unbedingt bestenfalls die Eltern oder aber mindestens die Mutter bei der Arbeit zeigen. Und versuchen Sie zu erkennen, ob der Typ Hund, so wie er arbeitet, auch das ist, was Ihnen vorschwebt. Am besten nehmen Sie sich abermals einen erfahrenen Hundehalter und -führer zur Hand, der Sie beim Kauf berät. Und kaufen Sie nur, wenn Sie sich ganz sicher sind, dass dieser Hund zu Ihnen passt.

GEEIGNETE HUNDE

Der Einsatz eines Hütehundes kann eine echte Erleichterung bei allen Arbeiten an der Schafherde sein, egal ob beim Umtrieb, beim Verladen oder beim Einfangen. Allerdings sollte sowohl der Hund als auch der Mensch wissen, was zu tun ist, und sich diesbezüglich Tipps in Ausbildungsseminaren holen. Diese gibt es für jede Rasse.
Wählen Sie unbedingt die Rasse mit den Eigenschaften, die zu Ihnen und den Aufgaben in Ihrer Schafhaltung passt. Und achten Sie darauf, dass Sie einen auf Leistung selektierten Hund erwerben. Leider wurden viele ehemals wirklich gute Gebrauchshunderassen durch die Zucht auf reines Exterieur für die Arbeit unbrauchbar gemacht. Daher sollten Sie unbedingt darauf achten, dass Ihr neuer Mitarbeiter mit dem nötigen genetischen Hintergrund ausgerüstet ist, um den Job an Ihren Schafen auch erledigen zu können. Nur ein gesunder und gut veranlagter Hund kann Ihnen eine Hilfe sein.
Der schafschonende und gut vorbereitete Einsatz des Hundes an der Herde versteht sich von selbst und hat oberste Priorität.

Egal ob Welpe oder Junghund – geben Sie ihm Zeit, bei Ihnen anzukommen, und versuchen Sie ein Team zu werden, *bevor* Sie gemeinsam die Arbeit an den Schafen aufnehmen. Nur ein guter, talentierter Hund, der Ihnen gerne und bereitwillig zuhört und Sie als „Rudelführer" akzeptiert hat, kann Ihnen bei der Arbeit eine Hilfe sein. Ein ungehorsamer, mindertalentierter Hund wird an der Herde mehr schaden als nutzen.
Erfahrungsgemäß ist bisher weder der zweibeinige noch der vierbeinige Meister vom Himmel gefallen. Sie sollten sich also zeitnah Hilfe bei der Ausbildung und Erzie-

hung Ihres neuen Arbeitskollegen suchen. Es werden für alle Rassen und Typen in Deutschland spezielle Ausbildungsseminare angeboten, in denen Sie gemeinsam mit Ihrem Hund die Kunst des Schafehütens erlernen können. Machen Sie unbedingt Gebrauch davon. Adressen finden Sie im Serviceteil (S. 123).

HÜTEWETTKÄMPFE UND LEISTUNGSHÜTEN

Was Sie sich nicht entgehen lassen sollten, sind Hütewettkämpfe in jeder Form. Bei diesen Wettkämpfen, die übers Jahr verteilt regelmäßig stattfinden, zeigen sowohl Schäfer als auch Hunde ihr Können im Schafehüten. Sowohl das Leistungshüten bei den Altdeutschen als auch die Trials, Wettkämpfe mit britischem Parcours bei den Border Collies und den Kelpies, sind wahre Publikumsmagneten und sehr sehenswert. Wann und wo diese Wettkämpfe stattfinden, erfahren Sie sicher über die Seiten der Arbeitsgemeinschaft zur Zucht Altdeutscher Hütehunde (AAH) bzw. der Arbeitsgemeinschaft Border Collie Deutschland e. V. (ABCD), Adressen Seite 123.

Lassen Sie sich das nicht entgehen! Das Zusammenspiel von Schäfer, Hund und Herde in der dargebotenen Perfektion übt eine Faszination aus, der man sich kaum entziehen kann. Außerdem ergeben sich meist nette und anregende Gespräche mit Gleichgesinnten.

Aufmerksam steht die Gelbbacke am Eingang zum Nachtpferch.

SCHAFE GESUND ERHALTEN

Grundsätzlich ist es nicht schwierig, den Schafen optimale Lebensbedingungen zu schaffen und sich so lange Zeit an gesunden Tieren zu erfreuen. Wie schon erwähnt, sind feuchte Stellen und Matsch zu meiden, ein Unterstand ist vorteilhaft und gutes, rohfaserreiches Futter wichtig.
Ohne Wurmkuren geht es nicht, aber durch regelmäßiges Umtreiben und eine gut geregelte Beweidung kann der Parasitendruck weitestgehend im Zaum gehalten werden. Wie können Sie sonst noch Schaden von Ihren Tieren fernhalten?
Kluge Männer haben einmal festgestellt: „Der größte Feind eines Schafes ist ein anderes Schaf." Da ist viel Wahres dran. Wenn sich Ihr Bestand erst einmal den Gegebenheiten angepasst hat, dann wird sich innerhalb der Gruppe ein bestimmtes Bakterienklima entwickeln, spezifisch für Ihre Tiere. Auch im Boden werden sich ganz spezifische Bakterien halten, mit denen Ihre Schafe sicher zurechtkommen werden. Außerdem wird es innerhalb der Herde bestimmte Keime geben, mit denen Ihre Schafe zu leben gelernt haben und die Ihren Tieren nichts mehr ausmachen.
Kommt nun ein fremdes Schaf zur Herde, so wird dieses Klima erheblich durcheinandergebracht. Ihre Schafe sehen sich mit Keimen konfrontiert, die das neue Tier mitbringt, und auch das neue Tier muss sich neu anpassen. Für alle reiner körperlicher Stress. In der Regel wird es zu keinen größeren Schäden kommen, aber man kann sich durchaus durch den Zukauf neuer Tiere auch neue Krankheiten in die eigene Herde einschleppen und hat dann das Nachsehen.
Es ist daher sehr ratsam, den Zukauf neuer Tiere zu vermeiden und den Bestand lieber durch die eigene Nachzucht weiter aufzustocken oder aber neu erworbene Tiere zunächst in Quarantäne zu stellen und erst langsam und nach einiger Beobachtung der bestehenden Herde zuzuführen. Die Quarantäne sollte mindestens zwei, besser vier Wochen dauern. In dieser Zeit können Sie sofort erkennen, falls es zu irgendwelchen krankhaften Reaktionen kommt, und Sie können eingreifen, ohne die ganze Herde behandeln zu müssen. Grundsätzlich aber gilt: Der Zukauf neuer Tiere ist immer ein Risiko! Leider sind eben nicht alle Krankheiten offensichtlich, und ganz sicher nicht erkennbar ist der Immunstatus eines zunächst äußerlich gesunden Tieres.

WICHTIG

Jedes Schaf wird mit den spezifischen Keimen und Bakterien der eigenen Herde bestens zurechtkommen, kann aber diese Keime mit in sein neues Zuhause einschleppen und dort können die Eindringlinge die vorhandenen Schafe erkranken lassen.

Aufmerksamer Blick und wacher Ausdruck – ihr fehlt es an nichts.

DAS KRANKE SCHAF

Woran erkennen Sie nun aber, dass ein Schaf tatsächlich krank ist? Schafe sind ausgesprochen leidensfähig und zeigen meist das Vorliegen einer Erkrankung erst sehr spät, mitunter zu spät.
Das allerwichtigste Merkmal, das ein gesundes vom kranken Schaf unterscheidet, ist der Appetit. Ein gesundes und fittes Schaf ist eigentlich immer irgendwie mit Fressen oder Wiederkäuen beschäftigt. Ein krankes Schaf zupft lustlos an Halmen und Heu oder frisst eben gar nichts mehr. Wenn dieser Zustand erreicht ist, sollten Sie ihn ernst nehmen, denn wenn das Schaf nicht mehr frisst, wird den Bakterien im Pansen auch keine Nahrung mehr zugeführt und es kommt zum Absterben derselben. Ohne funktionierende Pansentätigkeit ist das Schaf dem Tod geweiht. Achten Sie daher stets darauf, ob und wie Ihre Schafe fressen. Ein guter Appetit ist ein untrügliches Anzeichen für Wohlbefinden und Gesundheit.
Einhergehend mit mangelndem Appetit zeigen sich kranke Schafe meist abgeschlagen und apathisch. Sie lassen im wahrsten Sinne des Wortes „den Kopf hängen“ und wirken teilnahmslos. Meist bummeln sie am Ende der Herde und folgen den Herdengenossen sehr langsam und schleppend. Unter der langen und dichten Wolle ist der Ernährungszustand zumeist nicht genau

Im Klauenbad verweilt der imposante Bock nur mit sanftem Nachdruck.

Klare Augen, trockene Nase, gut genährt – so sieht ein gesundes Fuchsschaf aus.

zu erkennen. Fangen Sie das Schaf und fühlen Sie durch die Wolle. Sie sollten die Rippen allenfalls erahnen können, sie sollten aber nicht deutlich fühlbar sein. Auch die Hüftknochen sollten im Idealfall unter einer Speckschicht liegen und maximal tastbar sein.

Ein mageres Schaf ist nicht gesund! Meist sind Würmer oder Parasiten oder gar schlimmere Krankheiten ursächlich für einen schlechten Ernährungszustand.

Ein weiteres untrügliches Zeichen für eine Erkrankung ist Durchfall. Hier kann aber oft auch einfach ein zu rascher Wechsel in der Fütterung ursächlich sein. Dies lässt sich meist schnell wieder beheben. Ist das Schaf mit Durchfall noch wach und munter, so darf man von einem Fütterungsfehler ausgehen. Zeigt es sich aber zudem auch noch apathisch und schlapp, so sollte man unbedingt auf Endoparasiten untersuchen und ggf. behandeln. Auf jeden Fall muss man diesen Zustand sehr ernst nehmen und den Tierarzt konsultieren.

Weniger offensichtlich, aber dennoch gut zu erkennen und zu beurteilen, ist der Ausdruck des Schafes. Ein gesundes Tier hat einen wachen, aufmerksamen Blick und klare Augen. Tränende oder gar milchig trübe Augen sind bestenfalls eine leichte Augenentzündung oder schlimmstenfalls erste Anzeichen einer Chlamydieninfektion. Ein teilnahmsloser, leerer Blick deutet ebenfalls auf eine Erkrankung hin.

Nase und Maul sollten frei von irgendwelchen Ausflüssen sein, ohne Pusteln und Krusten am Lippenrand. Das gesunde Schaf atmet regelmäßig und geräuschlos.

Besondere Aufmerksamkeit sollten Sie auf die Klauen der Tiere legen. Diese sollten frei von Verwachsungen sein, gepflegt und

gleichmäßig abgelaufen bzw. geschnitten. Der Zwischenklauenspalt sollte nicht schmierig oder gar eitrig sein. Riechen Sie an den Klauen. Gesunde Klauen dürfen keinesfalls modrig riechen. Das Schaf sollte alle vier Füße gleichermaßen gut und sicher belasten, ohne zu lahmen.
Bedenken Sie, auch Schafe haben mal schlechte Tage und nicht jeder depressive Gesichtsausdruck zeugt gleich vom Vorliegen einer ernsten Erkrankung. Nicht jedes Mal, wenn eines Ihrer Tiere humpelt, liegt gleich eine Moderhinke vor, und nicht jedes Mal, wenn das Auge tränt, muss man vom Schlimmsten ausgehen.
Grundsätzlich aber sollten Ihre Schafe Ihnen immer aufmerksam entgegenkommen und Sie mit einem freundlichen Blöken begrüßen, oder sie sollten sich hingebungsvoll der Nahrungsaufnahme widmen und Sie links liegen lassen.

HYGIENEMASSNAHMEN

In der Regel sind in der Schafhaltung keine größeren Desinfektionsarbeiten notwendig, wie dies beispielsweise in der kommerziellen Schweine- oder Geflügelhaltung der Fall ist. Dies erklärt sich auch in der noch nicht so ausgeprägten Massentierhaltung bei Schafen. Dennoch sollte eine gewisse Grundsauberkeit eingehalten werden.
Es ist bei weitem nicht nötig, ein völlig keimarmes Ambiente zu schaffen, aber regelmäßiges Ausmisten des Stalls und eine Desinfektion desselben nach dem Austrieb der Tiere auf die Weide gehören zur Selbstverständlichkeit.
Vor allem zur Zeit der Lammung sollte der Stall vorher nochmals gemistet und frisch eingestreut werden. Es empfiehlt sich beim Lamm die Nabeldesinfektion mit einer Jodlösung und die Verbringung der frisch abgelammten Mutter mit ihren Lämmern in eine Ablammbox oder Stitzbucht (mehr dazu im Kapitel Zucht, Seite 101).
Diese Boxen sind zwar optimal zur Unterstützung der Mutter-Kind-Bindung, sollten aber bei häufiger Benutzung unbedingt einer Zwischenreinigung unterzogen werden, da sie natürlich durch abgehende Nachgeburten und den Lochialausfluss des Muttertieres ein hohes Maß an Keimen beinhalten.
Die Wände des Schafstalles sollten einmal jährlich gekalkt werden, um Keime und unerwünschte Mitbewohner abzutöten. Ebenso und aus ähnlichem Grund ist es ratsam, die Wiesen zu kalken.
Grundsätzlich sollte so viel Chemie wie nötig, aber so wenig wie möglich eingesetzt werden. In der Regel reicht es wirklich, den Stall durch regelmäßiges Misten und eine akzeptable Besatzdichte in Ordnung zu

Auf dem Futtertisch darauf achten, dass das Raufutter nicht verunreinigt wird!

halten. Sollten aber vermehrt Aborte oder andere unerwünschte Ereignisse auftreten, Lämmer schlecht gedeihen und es evtl. zu Durchfällen kommen, so ist es unabdingbar, in Absprache mit dem Tierarzt sowohl eine Behandlung am Vieh als auch eine gründliche Desinfektion aller Geräte und des Stalles durchzuführen (mehr dazu im Abschnitt über Krankheiten).
Versuchen Sie, besonders an der Wasserstelle – sowohl im Stall als auch auf der Weide –, der entstehenden Feuchtigkeit und Bodenverdichtung entgegenzuwirken.

KRANKHEITEN

Trotz aller Mühen und der besten Haltung kann man sich nicht immer vor allen Krankheiten schützen. Daher muss man sich bei der Schafhaltung auch mit diesem Thema auseinandersetzen, so unangenehm das sein mag. Die häufigsten Krankheiten sollen hier kurz vorgestellt werden.

MODERHINKE

Auch bekannt unter Schafpanaritium, zweifellos die Geißel der Schafhaltung. Betroffene Schafe fressen oft im Knien und gehen stark lahm. Die Tiere leiden unter erheblichen Schmerzen. Durch das Zusammenwirken der bakteriellen Erreger *Fusobacterium necrophorum* und *Dichelobacter nodosus* kommt es zu einer eitrigen und fauligen Entzündung der Klauen, meist beginnend im Zwischenklauenspalt. Es zeigt sich bei genauer Betrachtung gräuliche, schmierige Haut und der Klauenspalt riecht extrem faulig und unangenehm.
Ursache ist das Vorkommen des Erregers *Dichelobacter nodosus* im Boden. Besonders in feuchten Böden hält sich dieses Bakterium bis zu 40 Tagen; kontaminierte Weiden können im Einzelfall eine Moderhinke noch bis zu drei Jahre lang begünstigen.
Das Zusammenspiel von mangelnder Klauenpflege und feuchtem Boden wirkt massiv krankheitsfördernd. Die Tiere infizieren sich indirekt gegenseitig. Neu zugekaufte Tiere schleppen oftmals die Erreger ein und es kommt zum Krankheitsausbruch.
Eine Behandlung ist zwingend notwendig, aber für alle Beteiligten sehr anstrengend. Zunächst muss das gesamte erkrankte Gewebe abgetragen und die Klauen danach gut desinfiziert werden. Achten Sie darauf, dass keine Klauenteile auf der Weide verbleiben, sie stellen ein erhöhtes Risiko für Neuinfektionen dar. Ein mehrminütiges Fußbad in Kupfersulfatlösung oder Zinksulfatlösung hat sich bewährt. Legaler ist ein eigens als Fußbad zugelassenes Präparat aus England namens Golden Hoof. Mehrmalige Fußbäder der gesamten Herde, übers Jahr verteilt, und ordentliche Klauenpflege tragen erheblich zum Eindämmen der Moderhinke bei.
Bereits beim ersten Anzeichen einer möglichen Moderhinke sollte die Klaue gut ausgeschnitten und ggf. mit antibiotischem Blauspray behandelt werden. Lassen Sie hier keine unnötige Zeit vergehen, handeln Sie sofort!
Es gibt Rassen, die als besonders empfänglich für Moderhinke gelten, so z. B. das Merinoschaf. Andere Rassen zeigen sich besonders resistent. Auch Ziegen z. B. reagieren weitaus weniger auf die Erreger der Moderhinke.
In stark betroffenen Herden hat sich die Impfung gegen Moderhinke mit dem Prä-

Eine saubere, frisch geschnittene Klaue beugt der Moderhinke vor.

parat Footvax bewährt. In enger Absprache mit dem Tierarzt sollte dies notfalls immer in Betracht gezogen werden.

LIPPENGRIND

Dies ist eine hoch ansteckende Viruserkrankung der Schleimhäute, besonders im Mund- und Rachenraum, am Euter oder den Klauen. Unverkennbar bilden sich meist an den Lippen und der Umgebung des Mauls eitrige Pickel, Krusten und Pusteln, Gleiches unter Umständen auch am Euter und den Klauen. Am häufigsten findet sich die Lippenform, seltener die Erkrankung des Euters oder die Fußform. Achtung, die Erkrankung ist auch auf den Menschen übertragbar! Besonders schwer erkranken konditionell geschwächte Tiere und Lämmer. Hier können die Verkrustungen wirklich überdimensionale Formen annehmen. Im allerschlimmsten Fall wird den Tieren das Fressen extrem erschwert, und somit kann es passieren, dass Tiere verhungern. Dies geschieht aber selten. Weitaus wahrscheinlicher ist es, dass Mutterschafe mit Pusteln am Euter ihre Lämmer wegen der Schmerzen nicht mehr säugen und Sie zufüttern müssen. In der Regel verläuft die Krankheit aber weitaus harmloser, als es aussieht. Tiere in ansonsten gutem Allgemeinzustand überstehen sie meist ohne größere Schäden. Nach drei bis vier Wochen trocknen die Pusteln aus und fallen ab. Ein Impfstoff ist zugelassen, hat sich aber in der Praxis nicht bewährt. Betroffenen Tieren kann durch die Verabreichung von Antibiotika und das Einschmieren der betroffenen Stellen mit zinkhaltigen Salben, die zur Austrocknung der Pickel und Pusteln führen, geholfen werden. Die milde Verlaufsform überstehen die Tiere meist auch ohne Behandlung.

Eine einmal durchseuchte Herde baut in der Regel eine mindestens zweijährige Immunität gegen das Virus auf. Die Erkrankung ist meldepflichtig!

LISTERIOSE

Verantwortlich ist das Bakterium *Listeria monozytogenes*. Dieses führt zu einer eitrigen Hirnhautentzündung, die nur in ganz frühem Stadium durch sehr hohe Gaben von Antibiotika noch therapierbar ist. In den allermeisten Fällen endet die Krankheit tödlich.

Eine Infektion erfolgt durch die Aufnahme der in zumeist schlechter Silage oder unsauberen, nicht gereinigten Raufen vorkommenden Bakterien. Die Aufnahme erfolgt in der Regel oral über das Futter. Daher bei der Verfütterung von Silage unbedingt genau auf gute Qualität achten und keine Silage-Reste verfüttern!

Betroffene Schafe zeigen zentralnervöse Symptome: Im frühen Anfangsstadium der Erkrankung wirken die Tiere zunächst apathisch und abgeschlagen und sondern sich ab. Bald zeigen sich unkoordinierte Drehbewegungen, vermehrter Speichelfluss, ggf. ein Anschwellen und Zittern der Lippen und Tränenfluss. Im fortgeschrittenen Stadium liegen die Tiere fest und verenden nach 10 bis 14 Tagen. Eine Impfung gegen Listeriose gibt es nicht.

SCHAFROTZ

Eine Pasteurellen-bedingte Entzündung der Atemwege wird landläufig als Schafrotz bezeichnet. Kennzeichnend ist ein sporadisch auftretender, trockener Husten

Eine kerngesunde Bergschaftdame ohne Krankheitsanzeichen

und eitriger Nasenausfluss (Rotz). Krankheitsverursachend ist die Übertragung von Tier zu Tier und die Haltung in zu feuchten, stickigen Ställen. Allerdings begünstigt auch feuchtwarmes Wetter das Auftreten der Erkrankung.
Erkrankte Tiere fallen durch den Husten und Rotz auf, magern aber auch ab und wirken insgesamt konditionell geschwächt. Besonders häufig erkranken schwere Fleischschafe aller Altersstufen. Das Bakterium *Mannheimia hämolytica* ist per Nasentupfer und mikrobieller Untersuchung nachweisbar. Es handelt sich um eine langwierige und belastende, nicht aber tödliche Erkrankung. Die Gabe von Antibiotika lindert den Krankheitsverlauf, ebenso reduziert eine Impfung die Erkrankungsrate und lindert ebenfalls den Verlauf.

RÄUDE

Ursächlich für alle Räudeformen sind die Milben der Gattungen *Sarkoptes* und *Psoroptes*. Die Parasiten nähren sich von Hautzellen und verursachen einen unerträglichen Juckreiz und allergische Reaktionen der Haut. Man unterscheidet im klinischen Bild die Kopf- und die Körperräude.
Betroffene Tiere fallen durch permanentes, hartnäckiges Scheuern an der Stalleinrichtung oder festen Scheuermöglichkeiten (Bäume) auf der Weide auf. Im späteren Verlauf zeigen sich kahle, krustige Stellen an Kopf und Körper. Die Haut ist meist gerötet und wirkt pergamentartig ausgetrocknet und krustig überlagert. In schweren Fällen scheuern sich die Tiere blutig.
Die Ausbreitung erfolgt über den Kontakt der Tiere untereinander, vor allem durch Zukauf von latent betroffenen Tieren. Eine Behandlung erfolgt am besten über Bäder und ggf. durch die Gabe diverser Repellentien, die Ektoparasiten abwehren.

BREINIERE

Eine besonders unschöne Erkrankung, der zumeist die besten und wohlgenährtesten Lämmer zum Opfer fallen. Daher verursacht diese Erkrankung in allen Betrieben, gleich welcher Größe, einen erheblichen wirtschaftlichen und auch ideellen Schaden. Breiniere ist eine Enterotoxämie, eine Schädigung der Eingeweide durch die Toxine der Clostridien, die tatsächlich zu einer "Breiniere", also einer Deformation der Niere, führen.
Durch plötzliche hohe Aufnahme von zu viel Eiweiß – sei es Kraftfutter oder, weitaus wahrscheinlicher, zu viel frisches Gras – kommt es zu einer Übersäuerung des Pansens. In der Folge sterben die Pansenbakterien und Clostridien vermehren sich rasant und explosionsartig. Deren Toxine fressen sich durch die Eingeweide und innerhalb von Stunden verendet das Lamm. Die Krankheit ist besonders heimtückisch, da von den ersten Symptomen und schwachen Anzeichen bis hin zum tödlichen Ausgang kaum wenige Stunden vergehen. Die Nieren der erkrankten Tiere schwemmen auf und zerfallen.
In der Regel trifft es die kräftigsten Lämmer im zeitigen Frühjahr, wenn das Gras zu wachsen beginnt und die Tiere ungehemmt am schmackhaften, jungen Grün fressen. Gefahr besteht also bei jedem Weidewechsel. Betroffene Tiere zeigen starken Durchfall und Fressunlust. Apathisches Verhalten, Krämpfe und Festliegen folgen und meist tritt dann schon der Tod ein.
Eine Behandlung ist meist wenig erfolgreich, kann aber gelingen, wenn früh genug

gehandelt wird: Bei den ersten Anzeichen sofort Gegengift spritzen und hochdosiert Antibiotika geben. Kohlepulver und Backpulver kann zur Neutralisation gegeben werden. Wesentlich wirksamer ist die Impfung der Mutterschafe vier Wochen vor dem Lammen. Am allerbesten ist es aber, präventiv vorzugehen und das Anweiden der Schafe, insbesondere der Lämmer, sehr behutsam und vorsichtig vorzunehmen. Durch die Gabe von genügend rohfaserreichem Futter und die langsame Gewöhnung an frisches Gras kann der Erkrankung vorgebeugt werden.

WEITERE ERKRANKUNGEN

Es gibt eine Vielzahl weiterer Erkrankungen, die hier nicht alle im Einzelnen beschrieben werden können. Ein Großteil lässt sich durch eine überlegte und bedachte Fütterung vermeiden, dazu zählen fast alle Erkrankungen des Verdauungstraktes wie Azedosen und Ketosen. Gegen einige Erkrankungen kann man sich fast gar nicht schützen, da sie meist durch Insekten übertragen werden, wie z. B. die Blauzunge.

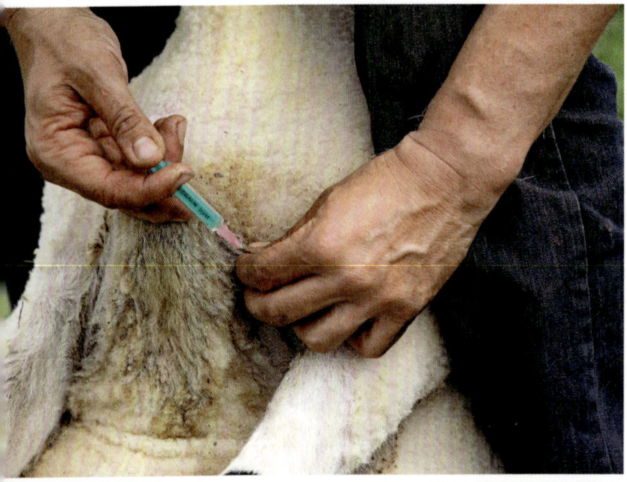

Manchmal ist eine subkutane Medikamentengabe in eine Hautfalte nötig.

RECHTZEITIG HANDELN

Schafe sind ausgesprochen leidensfähig und zeigen etwaige Symptome meist erst sehr spät. Hier unterscheiden sie sich erheblich von ihren nahen Verwandten, den Ziegen. Diese sind weitaus wehleidiger und jammern und klagen schon bei den ersten Anzeichen von Unwohlsein.
Grundsätzlich gilt: Ziehen Sie beizeiten einen Tierarzt zu Rate, der sich in der Behandlung der kleinen Wiederkäuer auskennt. Vermeiden Sie eigenständiges „Rumdoktern", wenn Sie sich nicht wirklich sicher sind, wie dem erkrankten Tier zu helfen ist. Aus langjähriger Erfahrung kann sich umfangreiches Wissen entwickeln, welches dem Tier durchaus helfen kann; wenn Sie sich aber auch nur im Geringsten über Ihre Diagnose und die Behandlung unsicher sind, zögern Sie dem Tier zuliebe nicht, den Tierarzt zu konsultieren. Eine zu späte oder unsachgemäße Behandlung wird oftmals mit unzumutbarem Leid für das Tier einhergehen und schlimmstenfalls den Tod desselben bedeuten.

PARASITEN

Die weitaus meisten Krankheitsbilder werden durch Endoparasiten hervorgerufen. Die wichtigsten sollen hier kurz erwähnt werden. Grundsätzlich gilt: Alle Endoparasiten, vor allem die meisten Wurmarten,

Mittels einer Drenchpistole lässt sich die Wurmkur oral zügig eingeben.

lassen sich durch regelmäßiges Behandeln gegen Endoparasiten nach erfolgter Kotprobe und durch ein gutes Weidemanagement mit möglichst langer Ruhezeit für die Weide gut im Griff halten.

WÜRMER

Die bekanntesten Endoparasiten sind sicher die verschiedenen Wurmarten, unter denen Schafe leiden können. Erwähnenswert sind Magenwürmer, Lungenwürmer, Leberegel und Bandwürmer. Alle diese Parasiten werden sich unsere Schafe beim Weidegang einverleiben, da fast alle diese Würmer sogenannte Zwischenwirte zur Vermehrung benötigen.

Das Prinzip funktioniert immer ähnlich: Der Wurm lebt im Inneren des Schafes und zehrt an dessen Substanz. Wurmeier oder Wurmlarven gelangen über den Schafkot auf die Weide und werden von den Zwischenwirten aufgenommen. Zwischenwirte können Insekten oder im Beispiel des Leberegels die Schlammschnecke sein. Diese wiederum werden beim Weidegang wieder von Schafen aufgenommen, und so gelangt der Wurm ins gesunde Schaf.

Dies ist nur eine grobe Zusammenfassung; der Lebensablauf der einzelnen Würmer ist weitaus komplexer. Aber daraus erklären sich die Behandlungsmöglichkeiten gegen Würmer: 1. das Behandeln von erkrankten Tieren und 2. das Vermeiden des Beweidens von kontaminierten Flächen oder idealen Lebensräumen für die spezifischen Zwischenwirte.

An Würmern leidende Tiere zeigen sowohl allgemeine als auch wurmartspezifische Symptome. Im Allgemeinen erscheint ein an Würmern leidendes Tier sehr müde und schlapp. In der Regel magert es stark ab und leidet unter einer Anämie: Die Schleimhäute im Auge und im Maul er-

Gesunde Schafe machen dem Besitzer Freude – Vorbeugung trägt dazu bei.

scheinen blass und eher gräulich als rosig. Ein fast immer sicheres Zeichen für eine Wurminfektion ist starker Durchfall. Untrügliches Zeichen für eine fortgeschrittene Wurminfektion ist der „Flaschenhals", ein charakteristisches Kehlgangödem.
Beim Magenwurmbefall zeigen sich zudem noch geschwollene Lippen.
Die Behandlung sollte immer herdenumfassend erfolgen. Das heißt, es sollten alle Tiere einer Herde behandelt werden, auch wenn nur bei einem oder einigen Symptome zu erkennen sind. Die Veterinärmedizin bietet eine Fülle spezifischer Präparate zur Behandlung, leider haben sich bei den Würmern in der Vergangenheit Resistenzen gegen diverse Präparate gebildet. Besprechen Sie daher mit Ihrem Tierarzt das Vorgehen. Auf jeden Fall sollten die Tiere nach erfolgter Behandlung auf neue Weidegründe gebracht werden, um Reinfektionen vorzubeugen.
Es empfiehlt sich mehrmals im Jahr eine prophylaktische Entwurmung. Dies ist meist sinnvoll vor dem Austrieb auf die Sommerweide, nach der Schur (aus rein praktischen Gründen, weil man die Tiere ohnehin in der Hand hat) und im Herbst zum Ende der Weidesaison.

KOKZIDIEN

Diese ausgesprochen vermehrungsfreudigen Parasiten schädigen zumeist die Lämmer. Die Kokzidien dringen in die Darmschleimhaut ein, wo sie sich stark vermehren. Beim Verlassen der Darmzellen zerstören sie diese und schädigen so große Darmabschnitte. Infektionsquellen sind in der Regel kon-

taminierte Euter der Mütter. Es erkranken in erster Linie konditionell geschwächte Lämmer. Die Hauptausbruchszeit liegt im Mai/Juni. Förderlich für die Kokzidien-Vermehrung sind Stresssituationen der Lämmer.
Die Krankheit verläuft in unterschiedlicher Ausprägung. Besonders gefährdet sind die Lämmer von der dritten bis zur achten Lebenswoche. Hier sinkt die Wirkung der Kolostralmilch und die Lämmer müssen sich neu auf alle vorhandenen Keime und Erreger einstellen. Einige Lämmer überstehen die Infektion, die meisten aber sterben. Auch die Tiere, die eine Kokzidien-Infektion überlebt haben, werden zumeist nicht vollständig genesen; sie bleiben immer kümmerlich.
Betroffene Tiere zeigen den typischen blutigen Durchfall, schmerzhaften Kotdrang, einen „Katzenbuckel", Dehydrierung und Fressunlust.
Die Kokzidiose bei Lämmern wird überwiegend durch die Aufnahme von Oozysten der Protozoen *Eimeria ovinoidalis* und *Eimeria crandalis* verursacht. Eine einzelne Oozyste kann bis zu 32 Millionen Darmzellen zerstören.
Daher sollte beim geringsten Verdacht auf Kokzidien sofort der gesamte Schafbestand mit einem hochwirksamen Antikokzidium behandelt werden.

CHLAMYDIEN

Sie gehören zu den im Tierreich am weitesten verbreiteten Mikroorganismen. Die Chlamydien *(Chlamydophila abortus*, früher *Chlamydia psittaci)* sind Bakterien, die weltweit verbreitet sind, und das Schaf bildet das wichtigste Erregerreservoir.
Meist zeigt sich das Vorliegen dieser Organismen im Zuge der Lammzeit: Es kommt vermehrt zu Aborten und Totgeburten und zur Geburt lebensschwacher Lämmer. Chlamydien werden über die Milch des Mutterschafes, den Harn und Kot ausgeschieden und verbreiten sich so rasend schnell in der Herde.
Schafe, die einmal „verlammt" haben, bilden zwar einen mehrjährigen Antikörperschutz, bleiben aber meist Ausscheider und sind somit ein Risiko für die Herde. Beim Vorkommen von Totgeburten sollte also unbedingt auf Chlamydien getestet und im Falle des bestätigten Verdachts zeitnah behandelt werden. Einzig wirksame Maßnahme ist die Gabe von Oxytetracyclin in dreiwöchigem Abstand.
Vorbeugen lässt sich einer Infektion durch die Vermeidung von fremden Schafen in der Herde. Der Zukauf ist hier ein weiteres Mal das Hauptrisiko für Neuinfektionen. Gesund erscheinende Tiere können durchaus Erregerausscheider sein und so einen Bestand kontaminieren.
Dies sind nur die wichtigsten und häufigsten Endoparasiten. Es gibt eine Vielzahl weiterer schädlicher Mitbewohner für unsere Schafe, die hier nicht alle aufgezählt werden können. Im Zweifelsfall ziehen Sie bitte Ihren Tierarzt zurate!

VERLETZUNGEN

Es sind noch die ganz banalen Verletzungen zu erwähnen, die sich unsere Schafe aus Ungeschicktheit, durch unsere Unvorsichtigkeit oder auch durch Fremdverschulden zuziehen können. Oft kommt es vor, dass Schafe sich an alten, vorstehenden Nägeln, altem Draht oder Ähnlichem verletzen. Wir sollten daher immer versuchen, alle möglichen potenziellen Gefahrenquellen von unseren Schafen fernzuhalten. Mit geradezu unglaublicher Präzision werden die Tiere genau den einen Nagel finden, der noch im Stall steckt, obwohl Sie ihn schon längst herausziehen wollten. Genauso sicher werden sie den einen Meter alten Stacheldraht finden, der noch in der Hecke moderte und den Sie nicht aus den Brombeeren gezogen bekommen haben.

Ist die Haut aufgerissen, gilt es zu prüfen, wie tief der Schnitt ist und ob genäht bzw. getackert werden muss. Letzteres können Sie sich vom Tierarzt zeigen lassen und mit etwas Geschick selbst durchführen. Besser und schonender wird es freilich Ihr Tierarzt hinbekommen. Oft ist aber die Verletzung nicht so tief und es reicht das Auftragen von Blau- oder Silberspray zur Desinfektion und Wundheilung. Ganz wichtig: Bei allen Verletzungen achten Sie unbedingt darauf, dass keine Fliegen ihre Eier an die Wunde legen. Der Schaden durch Fliegenmaden ist erheblich und durchaus ein Problem in der Schafhaltung. Weitaus tragischer ist ein Hundebiss, sei es der Griff durch Ihren eigenen unerfahrenen Hund oder, weitaus schlimmer, der Angriff eines fremden Hundes. Dieser hat meist erhebliche Verletzungen am Schaf zur Folge und oft auch noch das Ausbrechen der Herde und die völlige Panik derselben. Desinfizieren Sie Hundebisse sehr gründlich mit Jod und tragen Sie Blauspray auf, sofern nicht genäht werden muss. Kontrollieren Sie die Wundheilung. Hundebisse sind hochinfektiös! Beobachten Sie das verletzte Tier daher sehr genau und lassen Sie den Tierarzt ggf. ein Antibiotikum verabreichen.

Der Schafkot kann Würmer übertragen!

Gesunde Lämmer sind der Lohn der Arbeit …

ACHTUNG GOLDFLIEGEN

Alle Verletzungen am Schaf, aber auch kotverschmierte Schwänze oder der Lochialausfluss nach der Geburt, wirken anziehend wie ein Magnet auf die Goldfliege. Jene grünlich schillernden Insekten sind ein ernstzunehmendes Problem in der Schafhaltung. Die Insekten legen ihre Eier an offene Wunden oder anderes Sekret der Schafe und in kürzester Zeit entwickeln sich Maden, die in die Haut der Schafe eindringen und sich unter der Haut durchfressen. Die Toxine, die diese Tiere bei ihrem Fraßverhalten freisetzen, vergiften das befallene Schaf und es kann sehr schnell zu irreparablen Schäden bis hin zum Tod kommen. Daher alle Wunden immer gut reinigen und mit Blauspray versiegeln, kotverschmierte Schafe waschen und bei Lammungen im Hochsommer darauf achten, dass kein Lochialsektret am Schaf hängen bleibt! Beobachten Sie im Hochsommer Ihre Tiere sehr genau und auch, ob sich Fliegen in der Nähe der Tiere aufhalten.
Butox hat sich als Repellent bewährt und sollte hier seinen Einsatz finden, um einem Befall durch Maden vorzubeugen.

... und die Freude des Züchters.

Generell sollten Sie Ihre sicher netten Nachbarn beizeiten darauf hinweisen, ihren Hund in der Nähe Ihrer Schafe unbedingt anzuleinen. Auch wenn dieser noch nie etwas getan hat und Schafe völlig unspannend findet, kann ein wegspringendes Lamm durchaus den Jagdinstinkt eines Hundes wecken und ihn zum Angriff verleiten. Die Folgen können ernst sein und durchaus tote Schafe nach sich ziehen. Für alle ein unschönes und vermeidbares Erlebnis. Abgesehen vom Schaden am Tier ist solch ein Zwischenfall auch dem nachbarschaftlichen Verhältnis nicht zuträglich.

SCHAFE VERMEHREN
— *Zucht und Aufzucht*

VERPAARUNG UND TRÄCHTIGKEIT

Das Schönste an der Schafhaltung ist zweifelslos, mitzuerleben, wie neues Leben entsteht, und dem natürlichen Ablauf einer Geburt beiwohnen zu können. Es gibt kaum etwas Erfüllenderes, als im Frühling die jungen Lämmer auf der Weide springen zu sehen.

Für jeden Schafhalter ist die „Lammzeit" die anstrengendste Zeit im Jahr, aber auch die schönste. Oftmals verbunden mit relativ wenig Schlaf und wenig Zeit für anderes. Um auf diese Zeit gut vorbereitet zu sein und auch Freude an der Zucht der eigenen Schafe zu haben, gilt es, einige Vorkehrungen zu treffen.
Überlegen Sie sich zuerst, ob Sie ganz gezielt rassetypische Tiere – dem Zuchtstandard entsprechend – züchten möchten oder ob Sie sich damit begnügen wollen, aus Ihren Mutterschafen einfach ein paar Lämmer zu züchten, ohne nennenswerte Rassezugehörigkeit, aber nicht minder liebenswert und unter Umständen genauso wohlschmeckend wie die rassereinen Kollegen.
Eine geplante Zucht ist sicher das Beste für die Rasse. Es gibt vom Aussterben bedrohte Nutztierrassen, für die jeder Züchter ein Notanker vor dem Untergang sein kann. Die Zucht solcher Tiere ist ein erstrebenswertes Ziel und absolut zu befürworten. In diesem Fall ist es ratsam, sich einem Zuchtverband anzuschließen und sich mit dem Rassebetreuer Ihrer Rasse zu beraten. Ihre Tiere werden durch Fachleute beurteilt und der Zuchtwert wird ermittelt. Jedes Tier erhält eine Beurteilung und es werden Ihnen die Vorzüge und ggf. auch die Schwächen Ihrer Tiere aufgezeigt. So ist das gezielte Anpaaren einzelner Individuen erheblich leichter. Eine Zucht mit Abstammungsnachweisen und Zuchtwerterhebung wird als Herdbuchzucht bezeichnet.
Aber auch wenn Sie nur einfach Lämmer Ihrer Schafe haben wollen und Ihnen das Aussehen und die Rassezugehörigkeit der Lämmer nicht so wichtig sind, sollten Sie einiges bedenken.

Der Zackelbock trägt ein Farbkissen auf der Brust und hat hier beim Deckakt untrügliche Spuren hinterlassen.

„Für die Zucht ist das Beste gerade gut genug". Unter diesem Aspekt sollten Sie die Zuchttiere auswählen. Nur gut entwickelte und gesunde Schafe können gesunden und frohwüchsigen Nachwuchs zeugen.

DER BOCK

„Der Bock ist die halbe Herde." Ein weiterer alter Schäferspruch, der die Wichtigkeit des Zuchtbockes betont. Dem Zuchtbock ist es möglich, seine Gene an viele, in aller Regel an alle Nachkommen weiterzugeben. Weitaus mehr, als dies beim Mutterschaf der Fall ist. Daher sollte er frei von allen erdenklichen Fehlern sein und besonders kritisch beurteilt werden.
Werfen Sie als Erstes einen prüfenden Blick und ggf. auch einen Griff auf seine edelsten Teile. Schafböcke haben von allen Tieren im Verhältnis zur Körpergröße die größten Hoden, und auch Ihr Bock sollte an dieser Stelle gut ausgerüstet sein. Außerdem sollten Sie sich sein Äußeres sehr genau ansehen: Hat er einen geraden Rücken? Ein gutes Fundament, also gerade, starke Beine? Hat er eine gute Bemuskelung und genügend Größe? Entspricht er den Zucht- und Leistungskriterien seiner Rasse? Wie ist sein Ausdruck? Und bei allem Augenmerk auf dem Exterieur – ist er auch brav und charakterlich ohne Fehl und Tadel?
Auf Bock-Auktionen haben Sie die Möglichkeit, besonders hoch bewertete Exemplare zu erwerben. Natürlich können Sie auch direkt beim Züchter kaufen und auch dort sicher einen hübschen Knaben für Ihre Damen erstehen. Achten Sie beim Kauf darauf, dass der Bock Sie züchterisch weiterbringt und etwaige Defizite Ihrer Schafe ausgleichen kann.
Es gibt leider immer wieder Exemplare, die ab einem gewissen Alter ihren Halter mehr als Konkurrenz denn als Mensch sehen und dann durchaus zur Gefahr für ihren Halter werden können. Hier gibt es durchaus rasseabhängige Dispositionen, aber als Hauptursache für dieses Fehlverhalten ist ganz klar die Haltungsform zu sehen.
Begegnen Sie Ihrem Schafbock immer mit dem nötigen Respekt und gebührendem Abstand. In seiner Gegenwart sollten Sie immer ein sicheres Auftreten haben, das an Ihrer Überlegenheit keinen Zweifel lässt. Vermeiden Sie Körperkontakt und Streicheleinheiten, denn anfängliche Freundschaft wird schnell in Respektlosigkeit und gefährliche Aggression umschlagen. Versuchen Sie, eine gewisse Scheu des Bockes zu bewahren, und zähmen Sie ihn nicht zu sehr. Keine Leckereien aus der Hand!

Ist dieser stolze Zackelbock der richtige Partner für die Auen seiner Herde?

Ein solches Prachtexemplar ist Garant für eine rassetypische und vitale Nachzucht.

Nach Möglichkeit ist es gut, den Burschen seinen Damen nur zeitweilig zuzustellen und ihn die meiste Zeit des Jahres in einer Bockgruppe zu halten (oder zumindest alleine mit einem männlichen Kollegen). Dies kommt der Lebensweise der wilden Vorfahren am nächsten, denn auch da schließen sich die Böcke außerhalb der Paarungszeit zu Gruppen zusammen, während die Mutterschafe mit den Lämmern separate Herden bilden. So haben die Mutterschafe genügend Ruhe vor dem testosterongeschwängerten Prachtkerl und er selbst kann seine überschüssigen Kräfte mit Gleichstarken messen und in aller Ruhe Kraft für seinen Einsatz sammeln. Eine Einzelhaltung ohne Kumpel ist nicht anzuraten und auch nicht artgerecht.

Außerdem sind Sie so in der Lage, den Deckzeitpunkt ein wenig zu beeinflussen. Dies ist ja vor allem bei asaisonalen Schafen durchaus hilfreich. Vor seinem Einsatz sollte der Bock gut gefüttert, aber nicht fett sein. Ein Klauenschnitt und eine Wurmkur kurze Zeit vor dem Decken tragen zu seinem Wohlbefinden und einer hohen Befruchtungsrate bei.

In der sehr anstrengenden Deckzeit wird der Bock mehr mit den Schafen als mit allem anderen beschäftig sein und unter Umständen kaum Zeit zur ruhigen Nahrungsaufnahme finden. Er wird schlimmstenfalls stark an Gewicht verlieren, abhängig natürlich auch davon, wie viele Damen er zu beglücken hat. Daher ist eine besonders gute körperliche Konstitution wichtig.

DIE MUTTERSCHAFE

Auch und besonders ihnen sollte all Ihre Aufmerksamkeit gelten, bevor es an die Fortpflanzung geht. Es versteht sich von selbst, dass auch diese Tiere kerngesund und natürlich möglichst frei von groben Fehlern sein sollten. Vor der Rittzeit und der Belegung sollten die Schafe konditionell in bester Verfassung sein und über einen optimalen Ernährungszustand verfügen. Kontrollieren Sie die Klauen und vor allem das Euter. Nur ein gesundes und intaktes Euter kann Zwillingslämmer oder auch Drillingslämmer ernähren. Schafe mit Euterproblemen sollten Sie aus der Zucht ausschließen.

Einen weiteren prüfenden Blick werfen Sie auf das Alter der Tiere. Keinesfalls dürfen diese zu alt sein. Ab allerspätestens einem Alter von acht Jahren sollten Sie sehr genau überlegen, ob Sie dieses Tier erneut belegen lassen wollen. Sämtliche Leistungsfähigkeit eines Schafes ist bereits ab dem fünften Lebensjahr rückläufig. Natürlich kann hier viel durch gute Fütterung und optimale Haltung kompensiert werden, aber das Alter macht eben auch vor den Schafen nicht halt. Ebenfalls abraten möchte ich vom Belegen eines zu jungen Tieres. Hier gehen

Sind die weiblichen Schafe der Herde auch bereit für den Zuchteinsatz?

die Meinungen auseinander. Aus wirtschaftlicher Sicht macht es kaum einen Sinn, die Muttertiere nicht schon im ersten Lebensjahr decken zu lassen, so sie denn körperlich gut entwickelt sind. Aus meiner persönlichen Erfahrung rate ich aber dazu, den jungen Schafen im ersten Jahr die Strapazen einer Geburt und Lämmeraufzucht zu ersparen. Die Tiere entwickeln sich meist weitaus schöner und besser, wenn sie erst mit 18 Monaten oder später erstmalig belegt werden. Im Übrigen lassen sich einige spät reife Rassen ohne hin nicht früher belegen. Die Natur geht hier also mit gutem Beispiel voran.

DER ZYKLUS

Wenn Sie also sowohl Bock als auch Muttertiere auf Herz und Nieren geprüft und für gut befunden haben, wird es irgendwann ernst. Schafe sind sogenannte „short day breeder", das heißt, ihr Zyklus ist in den meisten Fällen abhängig vom Tageslicht und setzt in der Regel mit dem Kürzerwerden der Tage im Herbst ein. Das ist von der Natur her sinnvoll, denn es hat zur Folge, dass die Lämmer bei einer Tragzeit von etwa 150 Tagen (+/- 5 Tage) am Beginn der Weidesaison im Frühjahr geboren werden. Also dann, wenn das Mutterschaf durch das wachsende Gras die beste Möglichkeit zur Milchproduktion hat und auch die Lämmer zeitig direkt an den frischen Grashalmen knabbern können. Außerdem haben es die Lämmer natürlich leichter, wenn sie bei schönerem Wetter geboren werden und nicht direkt aus dem warmen Mutterleib in den Schnee fallen. Der Zyklus beim ungedeckten Schaf wiederholt sich alle 17 Tage. Das Schaf ist dann für drei Tage empfängnisbereit, wobei die höchste „Trefferquote" naturgemäß am zweiten Tag liegt.

Natürlich lässt sich der Zyklus beeinflussen und so die Lammzeit ein wenig steuern. Wenn Sie z. B. Ihren Zuchtbock fern der Schafe halten, wird die bloße Anwesenheit des Adonis die Damen jäh in Fortpflanzungsstimmung versetzen. Das hat zur Folge, dass die meisten Bedeckungen recht bald nach dem Dazustellen des Bockes stattfinden und so auch die Geburten in einem engen Zeitraum stattfinden werden.

SAISONALITÄT

Die meisten Schafrassen unterliegen dem Rhythmus der Natur und kommen erst in Brunst, wenn die Tage kürzer werden. Diese Schafe, die ihren Zyklusverlauf abhängig vom Tageslicht haben, sind saisonal brünstig. Das heißt, sie werden immer nur im Herbst, etwa ab August bis November, „bockig". Dazu zählen die meisten sehr ursprünglichen Rassen, etwa die Heidschnucken und Zackelschafe. Die Lämmer dieser Rassen werden also immer im Frühjahr geboren.

Einige andere Rassen, vor allem die, deren Wurzeln in wärmeren Gefilden liegen, oder die großen Wirtschaftsrassen, unterliegen keiner Abhängigkeit vom Tageslicht und sind quasi ganzjährig empfängnisbereit. Ihr Zyklus verläuft asaisonal. Dazu zählen die Dorper, Kameruner oder auch Bergschafe und Merinoschafe. Diese Schafe lammen, wenn man das möchte, das ganze Jahr über. Dennoch finden auch bei diesen Rassen in unseren Breiten die meisten erfolgreichen Bedeckungen im Herbst statt. Allerdings lassen sich asaisonale Rassen weitaus leichter in ihrem Zyklus beeinflussen und somit die Lammzeit dieser Tiere sehr genau planen.

Außerdem können Sie Ihre Schafe vor dem Decken extrem eiweißreich füttern, was ein vermehrtes Reifen der Eizellen und somit eine später recht hohe Zahl an Mehrlingen zur Folge hat. Ganz ausgefallen, aber natürlich nicht minder effektiv, ist das Aufstallen der Schafe und das Verlängern bzw. Verkürzen der Tage mit künstlichem Licht. Den Schafen werden quasi längere oder kürzere Tage vorgegaukelt und sie kommen demnach entsprechend dem Kunstlicht in Brunst. Bei alledem bleibt die Frage, ob das wirklich sein muss. Aus wirtschaftlicher Sicht sind Mehrlinge natürlich sinnvoll, und natürlich lassen sich Schafe zu bestimmten Zeiten besonders gut vermarkten. Daher ist es gewiss klug, wenn zu Ostern schlachtreife Lämmer im Stall stehen. Für den Kleinstschafhalter spielt dies aber sicher eine untergeordnete Rolle und er wird der Natur einfach seinen Lauf lassen.

Die Paarungsbereitschaft seiner Damen prüft der

DER DECKAKT

Ist der Bock in der Herde und die Jahreszeit günstig, so wird er seinen Damen nachsteigen und immer wieder an deren Scham riechen, meist auch deren Urin kosten, um danach mit hocherhobenem Kopf und noch höher gezogener Oberlippe zu flehmen. Dabei prüft der Bock den Zykluszustand des Schafes. Wenn nun eine seiner Damen auf ihren Eisprung zusteuert, wird er sie nicht mehr aus dem Auge lassen und ihr unentwegt nachgehen. Er treibt. Immer wieder schubst er die Auserwählte durch Aufschlagen seiner Vorderbeine an und riecht an ihr. Und immer wieder wird sie sich seinen etwas plumpen Annäherungsversuchen entziehen und sich ein Stück

Auch hier hat der Bock seine Spuren hinterlassen. In rund fünf Monaten ist mit Nachwuchs zu rechnen.

Bock beim Flehmen.

entfernen wollen, um desinteressiert zu grasen. Aber irgendwann wird sein Treiben Erfolg haben und sie bleibt stehen, um sich decken zu lassen. Der eigentliche Deckakt ist von kurzer Dauer und wiederholt sich ein paarmal. Ein erfolgreicher Deckakt endet mit einem kraftvollen „Nachstoßen" des Bockes. Dieser wird nach kurzem Innehalten seiner Angebeteten erneut nachgehen, aber bereits am nächsten Tag das Interesse an ihr verlieren und sich der nächsten zuwenden. Erfolgreich gedeckte Schafe sind ihm völlig egal. Allerdings zehrt dies erheblich an seiner Kraft und er findet kaum Zeit zum fressen. Daher rechnet man pro Bock etwa 50 Muttertiere, mehr könnte etwas anstrengend werden.

Um sicher kontrollieren zu können, welche Schafe der Bock wann gedeckt hat, können Sie dem Vererber ein sogenanntes Bockgeschirr anziehen: Damit wird dem Bock ein farbiger Wachsblock auf die Brust geschnallt und dieser hinterlässt beim Akt eindeutige Spuren. Bei einigen leichteren Schafrassen passen diese Geschirre nicht immer optimal, aber es funktioniert ähnlich gut, wenn Sie mittels einem Viehzeichenstiftes die Brust des Bockes stark farbig anmalen. Die Spuren auf dem Mutterschaf sind dann nicht ganz so deutlich, aber immer noch sehr aufschlussreich.

DIE TRÄCHTIGKEIT

Wenn nun der Deckakt erfolgreich war und der Samen des Bockes auf die eine oder andere Eizelle des Mutterschafes trifft, beginnt, wie bei allen Säugetieren, die Trächtigkeit mit dem Einnisten der befruchteten Eizelle in die Gebärmutter des Tieres. Die Trächtigkeit dauert 150 Tage; eine Abweichung von +/- 5 Tagen ist durchaus normal. Mehrlinge kommen meist etwas früher und Einlinge etwas später zur Welt.
Eine Zwillingsträchtigkeit ist beim Schaf durchaus normal, Einlinge kommen vor allem bei Erstgebärenden und bei älteren Schafen vor. Drillinge sind seltener, aber durchaus nicht ungewöhnlich. Vier und mehr Lämmer werden extrem selten geboren und schaffen es auch garantiert nicht ohne menschliche Unterstützung und Zufütterung. Das Schafseuter hat zwei Zitzen und ist von daher auf die Aufzucht von Zwillingen ausgelegt. Bei Einlingen sollten Sie regelmäßig prüfen, ob das Euter gleichmäßig leergetrunken wird.

Im Herbst ist bei saisonalen Schafen, wie diesen Scottish Blackface, die Paarungszeit.

Von der bestehenden Trächtigkeit werden Sie zunächst nicht sehr viel sehen. Erst in den letzten 50 Tagen setzt ein starkes Wachstum der Früchte ein und der Umfang des Mutterschafes nimmt rapide zu. Auch die Euterentwicklung nimmt stark zu und das Euter schwillt immer mehr an. Spätestens jetzt ist eine gute und ausgewogene Fütterung der Muttertiere besonders wichtig. Die Früchte nehmen den größten Teil im Bauchraum des Schafes ein und das Fassungsvolumen des Pansens wird dadurch eingeschränkt. Hochwertiges und gut verdauliches Futter sind nun lebenswichtig für Mutter und Lämmer. Die Schafe werden nun deutlich unbeweglicher und ruhiger, oft liegen sie schwer atmend und wiederkäuend wie große Wollberge im Stall oder auf der Weide. Sie sollten Ihre Tiere jetzt keinen stressigen Situationen mehr aussetzen. Ruhige Bewegung an frischer Luft ist gut und wichtig, aber es sollte kein Zwang auf die Tiere ausgeübt werden. Gönnen Sie Ihren Tieren nun die notwendige Ruhe. Sowohl Ihre Schafe als letztlich auch Sie gehen nun einer anstrengenden Zeit entgegen. Es ist sozusagen die Ruhe vor dem Sturm.

GEBURT UND AUFZUCHT

DIE GEBURT

Irgendwann wird es zur Geburt der Lämmer kommen, und egal, wie genau Sie gerechnet haben, Sie werden den Tag der Geburt nur vage voraussehen können. Natürlich lässt sich der Zeitraum der Lammzeit grob errechnen, aber ganz genau weiß nur das Mutterschaf, wann der große Moment gekommen ist.

Die Anzeichen einer bevorstehenden Geburt sind aber in den allermeisten Fällen untrüglich und auch für den unerfahrenen Schafhalter leicht zu erkennen: In der Regel hat das Euter 48–24 Stunden vor der Geburt eine enorme Größe und tiefrosa Farbe angenommen. Es fühlt sich hart und prall an und die nun seitlich abstehenden Zitzen wirken dick und voll. An den Flanken ist das Mutterschaf stark eingefallen, die Scham ist gerötet und stark geschwollen, die Beckenbänder sind weich. Einige Stunden vor der Geburt wird sich das Mutterschaf, so es die Möglichkeit hat, von der Herde absondern. Wenn es dann anfängt zu scharren, sich hinlegt, um alsbald wieder aufzustehen und einen prüfenden Blick nach hinten zu werfen, dann wird es nicht mehr lange bis zur Geburt dauern.

Irgendwann wird sich das Mutterschaf erneut niederlegen und dann fängt es an zu pressen. Je nachdem, wie groß die Lämmer sind bzw. die wievielte Geburt das Schaf hat, kann die Austreibungsphase durchaus von 15 bis zu 30 Minuten dauern. Länger als 45 Minuten sollte die Geburt des ersten Lammes nicht auf sich warten lassen. Mehr als 90 % aller Geburten verlaufen völlig normal und komplikationslos.

In der Regel werden die Lämmer in Vorderendlage geboren, also mit dem Kopf auf den ausgestreckten Vorderbeinen. Nach dem Abgang der Fruchtblase wird bald ein Füßchen erscheinen, dicht gefolgt vom daneben liegenden zweiten Füßchen. Mit den nächsten Wehen wird der Kopf des Lammes ausgetrieben. Ist diese Hürde erstmal genommen, „flutscht" der Rest meist mit einer letzten starken Wehe nach. Zu diesem Zeitpunkt steht das Muttertier meist auf und dreht sich zum Lamm, um es

Im zeitigen Frühjahr werden dann die Blackfacelämmer geboren.

Nach einigen Tagen ist die Muter-Kind-Bindung ausgebildet.

durch starkes Lecken aus der Eihaut zu befreien. Während des Aufstehens reißt die Nabelschnur. Durch intensives Lecken, meist begleitet von einem „gurgelnden" Meckern der Mutter, baut sich die Mutter-Kind-Bindung auf. Außerdem wirkt das Lecken kreislaufanregend und belebend. Instinktiv wird das Muttertier am Kopf des Lammes mit dem Lecken beginnen, um dem Kleinen die Atmung zu erleichtern und es vom Schleim zu befreien.
Nach spätestens 30 Minuten wird das Lamm versuchen aufzustehen und zum Euter der Mutter zu gelangen. Diese könnte dann noch mit der Geburt des Geschwisters beschäftigt sein oder schon versuchen, dem Lamm bei der Nahrungsaufnahme zu helfen. Sie „hockt" sich ein wenig, um dem Neugeborenen die Suche nach der Zitze zu erleichtern. Die Kolostralmilch, die das Lamm nun zu sich nimmt, ist voller lebenswichtiger Immunglobuline, ein zähes, gelbes Sekret, das wenig an Milch erinnert, aber dem Neugeborenen das Überleben sichert. Lämmer werden komplett schutzlos geboren und können ihr Immunsystem einzig durch diese Kolostralmilch aufbauen. Und das auch nur über die ersten zwei Tage nach der Geburt.
Nach dem ersten Schluck aus Mutters Milchbar wird sich das satte Lämmchen meist ausruhen und niederlegen. In der Regel wird die Mutter also zwei gesunde Lämmer geboren haben, die nun unter ihren wachsamen Augen satt und zufrieden in unmittelbarer Nähe dösen. Sie frisst im besten Fall die abgehende Nachgeburt und verweilt in der Nähe ihrer Lämmer.
Es ist ratsam, die neugeborenen Lämmer mit der Mutter in ein separates Mutter-Kind-Abteil (Stitzbucht) zu sperren und

In einer Stitzbucht sind Mutter und Lämmer erstmal am besten aufgehoben.

dort zwei Tage zu belassen. Bei den Neugeborenen sollten Sie den Nabel mit einer Jodlösung desinfizieren. Um alles andere wird sich in der Regel die Mutter kümmern. Das Mutterschaf ist sehr dankbar für frisches Wasser, gutes Heu, ein wenig Kraftfutter und viel Ruhe! Nach ein bis zwei Tagen hat sich die junge Familie von den Strapazen der Geburt erholt und die Mutter-Kind-Bindung ist sicher erfolgt.
Die Mutter wird nun ihre Lämmer aus

30-MINUTEN-REGEL

Die meisten Geburten verlaufen völlig normal und ohne Komplikationen. Als Richtwert gilt die 30-Minuten-Regel: Nach 30 Minuten Presswehen sollte sich das Lamm zeigen. Dieses sollte nach 30 Minuten den Weg zum Euter suchen und Kolostrum aufnehmen. Weitere Lämmer sollten innerhalb von 30 Minuten geboren werden. Wenn aus 30 Minuten mal 40 werden, ist das noch kein Grund zur Panik, aber dann könnte es sein, dass Sie nachhelfen müssen.

Diese beiden Herdwick-Lämmer genießen die Frühlingssonne in Gesellschaft.

einem ganzen Kindergarten heraus erkennen, sowohl am Geruch als auch an der Stimme. Sie werden ihr nicht mehr verloren gehen.

GEBURTSHILFE

Eine Geburt ist das Natürlichste der Welt und, wie schon beschrieben, geht selten etwas schief. Mitunter aber kann es sein, dass es zu Problemen kommt und sich die werdende Mutter oder das Ungeborene in einer misslichen Lage befindet, aus der ohne Hilfe kein Entkommen ist.

Das Allerwichtigste ist: Ruhe bewahren! Es gibt Anzeichen einer problematischen Geburt, die keine Zweifel daran lassen, dass ein Eingreifen nötig ist. Beobachten Sie die Gebärende genau. Wie lange presst sie schon? Ist die Fruchtblase schon länger als 30 Minuten abgegangen? Presst das Schaf überhaupt? Können Sie schon die Füße des Lammes sehen? Schwierig wird es, wenn Sie nach längeren Wehen nur einen Fuß erkennen können oder, noch schlimmer, der Kopf ohne Füße austritt. Vor allem in letzterem Fall sollten Sie rasch handeln, andernfalls wird das Lamm die Geburt nicht überleben. Wenn Sie sich eine Geburtshilfe nicht selber zutrauen – und Sie sollten sich in Ihrem Tun wirklich sicher sein –, konsultieren Sie umgehend Ihren Tierarzt.

Vergewissern Sie sich zunächst, ob ein oder zwei Füße ausgetreten sind und ob die Sohlen der Klauen nach unten oder oben zeigen. Daran erkennen Sie, ob es sich um eine Vorder- oder Hinterendlage handelt. Auch eine Hinterendlage ist an sich kein Problem. Sollten Sie aber nur ein Bein erkennen kön-

nen, müssen Sie sich im Schaf auf die Suche nach dem zweiten Bein machen.
Für den Notfall haben Sie sich von Ihrem Tierarzt eine Gleitcreme und Einweghandschuhe geben lassen. Die werdende Mutter sollte irgendwie fixiert sein, in einer Stallecke oder durch eine zweite Person gehalten. Es kann aber auch sein, dass sie schon keine Abwehr mehr leistet. Nach dem Anlegen der Handschuhe führen Sie Ihre Hand vorsichtig unter Verwendung der Gleitcreme in die Scheide ein, entlang der Gliedmaßen des Lammes. Sie müssen sich nun durch Tasten ein Bild davon machen, in welcher Lage sich das oder die Lämmer befinden, und erst nachdem Sie sich sicher sind, mit der „Verlagerung" beginnen. Irgendwie muss es Ihnen gelingen, die Geburtslage des Lammes in eine günstige Normallage zu bringen: Füße voran, darauf der Kopf. Dann können Sie, unterstützend mit den Wehen, vorsichtig Zug auf die Vorderbeine ausüben.
Es gibt Geburtshilfekurse in jeder Nutztierklinik. Oft werden diese auch von verschiedenen Schafhaltervereinen angeboten. Der Besuch eines solches Kurses lohnt sich auf jeden Fall und kann im Zweifel Leben retten. Fragen Sie bei Ihrem Schafhalterverein nach. Oder assistieren Sie in der Lammzeit bei einem Schafhalter und schauen Sie sich eine Geburtshilfe zumindest an.
Nachdem das Lamm ausgetreten ist, befreien Sie es als Allererstes ums Maul herum von der Eihaut und dem Geburtsschleim. Legen Sie es der Mutter vor, die hoffentlich mit dem Sauberlecken beginnt. Helfen Sie ihr, rubbeln Sie das Lamm mit einem Handtuch ein wenig ab, das belebt das Kleine. Wenn es versucht, den Kopf zu heben, haben Sie es erstmal geschafft. Natürlich müssen Sie sichergehen, dass ggf. auch das zweite Lamm geboren werden kann, im Zweifelsfall erneut mit Ihrer Hilfe. Aber eine kleine Pause kann kaum schaden. Versuchen Sie, so hygienisch wie möglich vorzugehen. Sicherheitshalber können Sie ein Penicillinstäbchen im Schaf einlegen oder von Ihrem Tierarzt einlegen lassen. Helfen Sie notfalls den Lämmern noch ans Euter und so zu ihrem ersten Schluck Kolostralmilch. Und beobachten Sie diese junge Familie ggf. einen Tag länger in der Stitzbox. In aller Regel verkraften Schafe eine derartige Tortur weitaus besser, als man denkt, und auch die Lämmer sind weitaus belastbarer, als man vermuten möchte. Aber ein bisschen mehr Ruhe und Fürsorge sollte einer jungen Familie nach einer solchen Geburt schon zuteil werden.

DIE AUFZUCHT DER LÄMMER

DIE MUTTERROLLE

Schafe sind in der Regel ausgesprochen fürsorgliche und aufmerksame Mütter und meist in dieser Rolle sehr zuverlässig. Leider gibt es natürlich Ausnahmen. Vor allem das erstgebärende Schaf kann unter Umständen ob des plötzlich anwesenden kleinen Lammes, welches plärrend immer wieder zum Euter der Mutter drängt, etwas überfordert und leicht verwirrt sein. Meist ist es so, dass die junge Mutter ihr Neugeborenes noch sehr instinktsicher trocken leckt, dann aber nicht ruhig stehenbleibt, um das Kleine trinken zu lassen.
Geben Sie der kleinen Familie Zeit, verbringen Sie Mutter und Kind in die bereits erwähnte Stitzbucht und halten Sie das

Lamm kurz an das Euter der nervösen Mutter, diese sollten Sie dazu natürlich fixieren. Nachdem das Kleine die lebenswichtige Kolostralmilch aufgenommen hat, gönnen Sie allen ein wenig Zeit und Ruhe. Oftmals ist das Lamm nach den ersten kräftigen Schlucken zunächst satt und bedrängt seine Mutter nicht mehr so sehr. Diese hat nun Zeit, sich in ihre Rolle zu finden, und versteht bald das Verhalten ihrer Sprösslinge besser.
Sollte sie sich aber gar nicht beruhigen, wird die Sache komplizierter. Es gibt diverse Möglichkeiten, die mehr oder weniger

Zum Saugen „hockt" sich das Schaf.

Drillinge in einer Lammung sind bei Schafen eher selten, Zwillinge kommen öfter vor.

erfolgversprechend sind, in der Regel aber immer in irgendeiner Form in das natürliche Verhalten des Mutterschafes eingreifen. Manchmal ist es unvermeidbar, um dem Lamm doch noch die Aufzucht an der Mutter zu ermöglichen. Eine Möglichkeit könnte sein, das Mutterschaf an der Wand der Box zu fixieren. Mit breiten Stricken wird das Tier an Hüfte, Rumpf und Hals so an die Wand gefesselt, dass alle Abwehr gegen das Lamm unmöglich ist. So gefesselt bleibt das Schaf über Nacht stehen. Das oder die Lämmer können so ungehindert ans Euter und das Schaf „gewöhnt" sich notgedrungen an das Milchgeben. Sehr unschön, aber effektiv.

Auch das leichte Sedieren der nervösen Mutter durch den Tierarzt kann helfen. Findige Schäfer haben zum Thema Sedieren ihre eigene Idee, auf die ich aber nicht näher eingehen möchte, auch wenn es funktionieren mag, dem Mutterschaf einen Schnaps zu verabreichen. Auch das Ablegen von Hunden vor der nervösen Mutter soll schon Erfolg gebracht und diese, ob der drohenden Gefahr, regelrecht in die Mutterrolle getrieben haben. Letztlich aber funktionieren all diese Methoden mit unterschiedlichem Erfolg und sind sehr davon abhängig, wie stark die Instinkte der Mutter noch vorhanden sind und was genau sie dazu bewegt, sich nicht adäquat zu verhalten.

„Nur" überforderte Erstgebärende lassen sich meist noch auf den richtigen Pfad bringen, eine Mutter aber, die eines der Lämmer einfach nicht wiederfindet, weil vielleicht der Stall zu voll ist oder sie unter der Geburt zu weit vom Lamm abgewandert ist, wird sich nicht mehr belehren lassen. Wenn ein Lamm unter der Geburt „verloren geht", weil es irgendwie aus dem Radius der Mutter klettert, sich unter einer Raufe versteckt oder was auch immer, wird es seiner Mutter nur schwer wieder unterzujubeln sein. Sie können versuchen, das Lamm mit Nachgeburt und dem abgehenden Geburtsschleim der Mutter einzureiben. Kann funktionieren.

Ganz hoffnungslos sind meist die völlig unerklärbaren Fälle von ausgeprägtem Desinteresse am Neugeborenen. Mutterschafe, die ihre Lämmer überhaupt gar nicht haben wollen, sollten keinesfalls weiter züchterisch verwendet werden und auch ihre Nachzucht sollte nicht in die Zucht gehen. Gute Muttereigenschaften sollten unbedingt zu den ererbten Eigenschaften gehören und Sie sollten ihnen bei der Auswahl der Zuchttiere eine hohe Bedeutung beimessen. Nur durch gezielte Selektion auf

GUTE MUTTERSCHAFE

Die guten Muttereigenschaften lassen sich relativ einfach erkennen. Überprüfen Sie Folgendes: Verteidigt Ihr Schaf die Lämmer gegen potenzielle zwei- oder vierbeinige Feinde? (Nähert sich ein Hund, wird dieser durch drohendes Aufstampfen und ggf. einen Angriff des Schafes abgewehrt.) Blökt sie nach ihren Lämmern und achtet darauf, wo diese sich aufhalten? Hockt sie sich zum Säugen leicht hin, um es den Lämmern leichter zu machen, ans Euter zu gelangen? Ruft sie die bereits etwas älteren Lämmer regelmäßig zum Säugen zu sich? Erkennt sie sicher ihre eigenen Lämmer und lässt keine fremden Lämmer trinken? Wenn Sie all diese Fragen bejahen können, dann haben Sie ein gutes und verlässliches Mutterschaf, dem die Aufzucht seiner Lämmer keine Probleme bereiten sollte.

ausgeprägt gute Muttereigenschaften lässt sich langfristig die Aufzucht von Lämmern mit der Flasche vermeiden.

AMMEN

Eine weitere Methode zur Vermeidung der mutterlosen Aufzucht ist das Unterschieben von verstoßenen Lämmern. Es gibt mitunter sehr mütterliche Schafe, die gerne noch ein weiteres Lamm adoptieren, doch sind diese Tiere die Ausnahme. Meist lässt sich ein Schaf nur mit allerhand List und Tücke davon überzeugen, ein fremdes Kind anzunehmen.

Die erfolgversprechendste ist auch gleichzeitig die Methode, welche die meiste Überwindung kostet. Vielleicht haben Sie ein Schaf, welches tote Lämmer geboren hat oder dessen Lämmer eingegangen sind. (Vielleicht findet sich ein solches Tier auch im befreundeten Umfeld.) Ziehen Sie dem toten Lamm das Fell ab und stülpen Sie diesen „Pullover" einem Lamm über, das von seiner Mutter nicht gewollt wird. Dieses „Pulloverlamm" geben Sie der Mutter, welche ihre Lämmer verloren hat. In aller Regel wird sie sich arg wundern, aber das hungrige Lamm im Pullover als ihr eigenes anerkennen. Beginnen Sie nach und nach damit, den Pullover in den nächsten Tagen Stück für Stück zu entfernen. Nach einer Woche können Sie das Lamm komplett seiner Tracht entledigen. Es riecht nun für seine Adoptivmutter genauso wie ihr eigenes totes Kind und sie wird es genauso aufziehen. So schlimm es klingt, es funktioniert in den meisten Fällen. Alle anderen Methoden sind weitaus weniger erfolgversprechend.

Die aufmerksame Herdwick-Mutter passt gut auf ihre Lämmer auf.

MUTTERLOSE AUFZUCHT

Leider kommt es nun eben doch ab und an vor, dass ein Lamm von seiner Mutter nicht angenommen wird und sich auch keine Gelegenheit zum „Unterschieben" findet. Oder für den Drilling reicht Mutters Euter nicht aus. Diese Lämmer muss man mit der Flasche aufziehen.

Im Fachhandel findet sich das passende Zubehör: geeignete Nuckler und Flaschen sowie in aller Regel auch das passende Milchpulver zum Anrühren der Ersatzmilch. Achten Sie unbedingt darauf, dass der Nuckler so beschaffen ist, dass er den anatomischen Gegebenheiten des Euters am ähnlichsten ist und das Lamm sich nicht an der Milch verschlucken kann. (Durch Einatmen von Milch in die Atemwege kommt es zu Lungenentzündungen, die zum Verlust des Lammes führen können.)

Der Autor beim Zufüttern der Lämmer mit der Flasche.

Ganz wichtig ist, dass das Lamm genügend Kolostrum aufgenommen hat. Wenn das bei der Mutter nicht möglich war, sollten Sie versuchen, es bei einem anderen frisch entbundenen Mutterschaf trinken zu lassen, oder Sie versuchen, tiefgefrorenes Kolostrum aufzutauen und zu verabreichen. Alternativ können Sie bei befreundeten Schafhaltern nachfragen. Ohne „Biestmilch" sind die Überlebenschancen des Lammes gering.
Verabreichen Sie Kolostrum und Austauschmilch nur in der Temperatur, die auf der Verpackung vorgeschrieben ist. In der Regel ist dies zwischen 40 und 43 °C. Niemals sollten Sie zu kalte oder viel zu warme Milch geben, das könnte zu Verdauungsproblemen und schlimmstenfalls zum Tod des Lamms führen.

In der ersten Lebenswoche sollten Sie das Lamm relativ oft, also alle zwei bis drei Stunden tränken, pro Mahlzeit aber nicht mehr als maximal 60 ml Milch geben, eher weniger, je nach Rasse. Dann können Sie langsam die Menge steigern und damit auch die Abstände erhöhen. Sorgen Sie dafür, dass das Flaschenkind frühzeitig rohfaserhaltiges Heu oder Gras aufnehmen kann, um die Pansenaktivität in Gang zu bringen.
Flaschenlämmer werden sehr schnell extrem anhänglich. Es ist fast unvermeidlich, dass sie einer Fehlprägung unterliegen, die ein Leben in der Schafherde erschwert, wenn sie nicht frühzeitig Kontakt zu Artgenossen erhalten. Bedenken Sie, dass aus dem 2-Kilo-Plüschlämmchen, das heute noch durch Ihre Wohnung springt, in kur-

zer Zeit ein bis zu 100 Kilo schwerer Bock werden kann, der dann genauso auf Sie zugestürmt kommt. Da sind Probleme leider vorprogrammiert. Eine rechtzeitige Abnabelung und Gewöhnung an gleichartige Kollegen ist daher unbedingt anzustreben. Im Idealfall ziehen Sie mehrere Lämmer gleichzeitig mit der Flasche auf und sind so nur der Futtergeber.

DIE ENTWICKLUNG DER LÄMMER

Bei guter Fütterung und optimalen Bedingungen wachsen Schaflämmer schnell heran. Bereits im Alter von zwei Wochen beginnen sie, zaghaft an Gras und Heu zu naschen. Auch Kraftfutter wird nun schon langsam genommen. Gerade Letzteres sollte den Lämmern ab der dritten Woche zur freien Verfügung stehen. Am ehesten gelingt dies durch einen Pferch auf der Weide oder eine Ecke im Stall, die durch einen sogenannten Lämmerschlupf einzig für die Lämmer zu erreichen ist (eine Abtrennung, in der sich ein kleiner Durchschlupf befindet und so den Mutterschafen den Zugang zum Kraftfutter verwehrt). Diese Einrichtung muss sehr stabil sein, da die Mütter nichts unversucht lassen werden, um ebenfalls ans Kraftfutter zu kommen.
Wenn die Lämmer im Frühjahr geboren werden und Sie keinen Wert auf eine rasche Mast legen, können Sie sich auch auf die extensive Form der Fütterung verlegen: Bei genügend nahrhaftem Gras erhalten die Lämmer ebenfalls ausreichend Eiweiß, um gut heranzuwachsen. Es könnte eben nur sein, dass es etwas länger dauert als bei der intensiven Mast.

01

Das Allerwichtigste ist ohnehin zunächst die Milch der Mutter, und diese sollte in ausreichendem Maße vorhanden sein. Unterernährte Lämmer fallen durch Schlappheit, stumpfes Fell und Teilnahmslosigkeit auf. Ihr steter Hunger zwingt sie oft zum Versuch, bei anderen Müttern „klauen" zu gehen. Sie versuchen dann, von hinten zwischen die Beine der Schafe ans Euter zu kommen – je nach Intelligenz der Beraubten mit meist mäßigem Erfolg. Versuchen Sie, diese hungrigen Tiere mit der Flasche zuzufüttern.

02

01 Wie alle Jungtiere spielen auch Lämmer gerne miteinander.

02 Dabei rennen sie umher und erkunden und entdecken ihre Umgebung.

Bewegung an der frischen Luft fördert das Wohlbefinden von Mutterschaf und Lämmern.

Satte und muntere Lämmer toben gerne im Pulk über die Weide, raufen und spielen viel, knabbern am Gras und gehen ab und zu an Mutters Milchbar, um den größten Hunger zu stillen. Bei potenzieller Gefahr rennen sie zu ihrer Mutter und suchen Schutz. Diese wiederum hat stets ein waches Auge auf ihren Nachwuchs. Selbst wenn es uns so erscheint, als würde sie teilnahmslos grasen, weiß die gute Schafmutter doch immer sehr genau, wo sich ihr Nachwuchs aufhält. Sollte sie ihn aus dem Blick verloren haben, ruft sie ihn eindringlich blökend zurück.

Bereits nach drei Monaten können die Lämmer ggf. abgesetzt, also von der Mutter getrennt werden. Allerdings rate ich dazu, damit bis mindestens zum vierten Monat zu warten. Es ist der Entwicklung aller Jungtiere durchaus zuträglich, so lange wie möglich mit der Mutter zusammenzuleben. Nicht nur wegen der körperlichen Entwicklung; an der Seite der Mutter erlernen die Lämmer, wie man sich als Schaf richtig in einer Herde benimmt, dass der Zaun die Grenze des eigenen Reiches ist, dass der Mensch nicht zwingend Feind, vielleicht aber auch nicht ganz Freund ist, dass der Hütehund sicher nicht auf die Freundesliste kommt, welche Pflanzen nahrhafter und welche eher übelschmeckend sind und wie man sich beim Weideumtrieb zu benehmen hat.

Irgendwann kommt der Zeitpunkt, an dem die Mutter nicht mehr so sehr auf ihre Lämmer achtet, die jungen Bocklämmer beginnen, intensiv zu „treiben“ und ihre Schwestern und Mütter zu drangsalieren. Spätestens jetzt ist es an der Zeit, einzugreifen und die Lämmer von den Müttern zu trennen. Dies sollte spätestens vier Wochen vor der nächsten Rittzeit geschehen, damit sich die Mütter von der anstrengenden Aufzucht erholen und Kraft für ihren nächsten „Einsatz“ schöpfen können.

Ebenso ist es ratsam, die Bocklämmer von den Mutterlämmern zu trennen. Beide Geschlechter haben mehr Ruhe und Zeit zur Entwicklung, wenn sie nicht ständig durch die Anwesenheit des jeweils anderen Geschlechtes gereizt sind.

Nun ist auch langsam der Zeitpunkt, um zu selektieren, wer seine Gene in die Zukunft tragen soll und wer vielleicht eher als Braten enden wird. Erinnern Sie sich, für die Zucht ist das Beste gerade gut genug. Mag man bei dem einen oder anderen Mutterlamm nochmal ein Auge zudrücken können, so ist die männliche Nachzucht im Sinne der Rasseerhaltung und auch der Schafzucht im Allgemeinen sehr gründlich zu prüfen.

Die weibliche Nachzucht findet sicher Käufer und muss nicht zwingend geschlachtet werden, für Böcke ist dies schwierig. Nur die Besten werden eine Karriere als Vater einer neuen Generation anstreben können. Die Mutterlämmer, die Sie behalten möchten, sollten Sie separat von der Herde halten und sehr gut füttern, sie werden es über den Winter durch eine solide Entwicklung danken und im nächsten Frühjahr dann Ihre Herde bereichern. Und schon bald sind die Lämmer von gestern die Mütter von morgen. So schließt sich der Kreis.

Wenn Sie die sehr anstrengende und erlebnisreiche Zeit der Lammungen durchgestanden haben, wird es für Sie die reinste Freude sein, „Ihren“ Lämmern beim Wachsen zuzusehen. Auch die Interaktionen zwischen den Tieren in der Herde sind nun besonders sehenswert. Es wird Sie faszinieren, wie die Mütter ihre Lämmer zum Säugen rufen und die Kleinen abrupt ihr Spiel unterbrechen, um zur Mutter und ihrem Euter zu kommen. Schafe sind in der Regel sehr hingebungsvolle und liebevolle Mütter und Sie verpassen etwas, wenn Sie sich und Ihren Tieren die Lammzeit vorenthalten würden.

Bei schlechtem Wetter ist das Neugeborene aber in der trockenen Box besser aufgehoben.

PRODUKTE
— *Nützliches vom Schaf*

DIE SCHAFWOLLE

Schafe werden von jeher als Nutztiere gehalten, die die Menschen mit „nutzbaren" Produkten wie Milch, Fleisch und Wolle versorgen. Auch wenn Sie Schafe aus Freude an den Tieren halten, werden Sie doch auch von ihnen profitieren.

Als Erstes sei das Produkt erwähnt, das uns die Schafe im Übermaß zur Verfügung stellen, das aber leider im Laufe der Jahre auch massiv an Wertigkeit verloren hat: die Schafwolle. Aus diesem Naturprodukt lassen sich in verschiedenen Schritten wie Waschen, Kardieren und Spinnen Garne gewinnen und aus diesen lassen sich dann wiederum hochwertige Kleidungsstücke fertigen. In der alten Zeit waren diese Kleidungsstücke sehr gefragt, heute ist das Interesse an Selbstgestricktem leider ins Hintertreffen geraten. Wolle avanciert leider mehr und mehr zum „Abfallprodukt".
Diesem ausgesprochen unschönen Trend wirken aber in jüngster Zeit mehr und mehr Menschen entgegen, die sich wieder auf die nützlichen Eigenschaften der Schafwolle besinnen. Es wird wieder gefilzt, gesponnen und gestrickt. Wolle findet Verwendung als Dünger oder auch wieder als Dämmmaterial beim Hausbau.
Ein Schaf liefert 3–5 Kilo Wolle, ein- bis zweimal jährlich. Demnach lassen sich auch bei einer kleinen Herde einige Familienmitglieder jährlich neu einkleiden. Die Frage ist, ob diese das wirklich wollen. Nicht jede Rasse liefert feine Wolle, die man auf der Haut tragen möchte.
Leider eignet sich nicht jede Wolle gleichermaßen gut für alle Verwendungszwecke. Es kommt auf die Faserung der Wolle an, und diese ist bei den einzelnen Rassen ganz unterschiedlich. Besonders hochwertig ist die Merinowolle, besonders unbeliebt die Wolle von Skudde und Heidschnucke, wobei

Bis zu fünf Kilo Wolle fallen bei der Schur eines einzigen Schafes an.

sich aus letzterer durchaus tolle Sachen herstellen lassen. Beim Filzen sind grobfaserige, langvliesige Wollarten durchaus beliebt. Es gibt also mittlerweile wieder für jeden Wolltyp eine nützliche Verwendung. Ein Gewinn ist mit dem Verkauf der Wolle Ihrer Tiere längst nicht mehr zu erzielen, aber manches Mal kann der Erlös aus dem Verkauf der Wolle die Kosten für die Schur decken.

MILCH UND KÄSE

Wenn Sie zu den glücklichen Besitzern von Milchschafen zählen, so werden diese Tiere Sie täglich neu mit köstlicher und schmackhafter Schafsmilch versorgen. Dies aber nur, wenn die Tiere abgelammt haben, denn natürlich ist die Milch eigentlich für die Lämmer vorgesehen. Durch züchterische Selektion sind aber Rassen wie das Lacaune oder das Ostfriesische Milchschaf entstanden, deren Leistung so überragend ist, dass bei weitem mehr Milch zur Verfügung steht, als die Lämmer benötigen.
Mit dem Melken binden Sie sich sehr an Ihre Tiere, denn diese wollen mindestens ein–, besser zweimal täglich etwa zur gleichen Zeit gemolken werden.
In kleineren Betrieben findet dies meist von Hand statt. Es gilt, mit Fingerspitzengefühl das Euter der Tiere zu leeren. Das „Fausten" hat sich bewährt. Dabei umschließen Sie die Zitze mit allen Fingern, durch langsames Zuführen der einzelnen Finger zum Daumen pressen Sie die Milch aus dem Strichkanal. Es erfordert einige Übung, aber irgendwann ist diese Technik sogar von Kinderhänden auszuführen und für das Tier besonders schonend.

So versponnen, kann die Schafwolle verstrickt werden.

Hartkäse wird während der Reifung mehrfach eingerieben.

Sie ist je nach Schafrasse umterschiedlich.

Die Herstellung von Frischkäse ist weniger aufwendig.

Größere Betriebe melken mit der Maschine. Hierzu betreten die Tiere einen Melkstand, auf dem als Lockmittel gerne Futter gereicht wird. Meist ist dieser Melkstand erhöht, so kann der Melker leicht die Becher der Maschine anbringen und in kurzer Zeit können so mehrere Tiere ihrer Milch entledigt werden.

Gute Milchschafe liefern bis zu 3 Liter Milch täglich, das Mittel liegt aber weit darunter. Und natürlich variiert die Milchleistung mit der Jahreszeit, dem Futterangebot usw. Spätestens sechs Wochen vor der nächsten Lammung wird das Schaf „trocken gestellt", damit sich das Euter erholen und das Mutterschaf neue Kolostralmilch für das kommende Lamm aufbauen kann. In dieser Zeit wird das Tier also nicht gemolken.

Aus all der Milch wird in der Regel vorzugsweise Käse hergestellt. Schafskäse ist ein ausgesprochen hochwertiges und sehr bekömmliches Lebensmittel. Es lassen sich eine Vielzahl verschiedenster Frisch- und Hartkäse aus der Schafsmilch herstellen. Dies nun detailliert zu beschreiben, würde allein ein ganzes Buch füllen.

Das Prinzip der Käseherstellung ist aber immer das Gleiche: Der frischen Milch wird eine Käsekultur und Lab oder Zitronensäure zugesetzt. Im Laufe einiger Stunden trennen sich dann die festen Bestandteile der Milch von den wässrigen, es entstehen so der Käsebruch und die Molke. Letztere wird entsorgt. Aus dem Bruch wird dann der Käse hergestellt. Je nach Belieben wird gewürzt, gepresst und gelagert.

Der eigene, selbstgemachte Schafskäse ist natürlich ein besonderer Genuss. Und wer das Käsen erlernen möchte, ist gut beraten, einen Milchschafbetrieb zu besuchen und sich dort in die Geheimnisse der Käserei einweihen zu lassen. Infos dazu erhalten Sie sicher auch durch die betreuenden Schafzuchtverbände.

FLEISCH UND WURST

Auch dieses Thema muss erwähnt werden. Denn bei aller Freude an den Tieren ist doch der Hauptzweck der Schafhaltung heute zumeist die Erzeugung von Lammfleisch.
Man mag nun darüber streiten, inwieweit es ethisch vertretbar ist, die Jungtiere, die im Frühjahr die Wiesen bevölkert und unser Gemüt erfreut haben, im Herbst dem Weg fast aller Nutztiere zuzuführen und sich dann mit aller Dankbarkeit am schmackhaften Lammbraten zu erfreuen. Jeder mag hier sein eigenes Urteil fällen. Ganz sicher ist aber, dass die eigenen Tiere vermutlich weitaus weniger Stress und Leid in ihrem Leben und auf dem Weg zur Schlachtung erfahren haben, als die Tiere aus Massentierhaltungen, deren Fleisch im Discounter billig feilgeboten wird.
Und leider ist es nun mal so, dass bei der Nachzucht – und seien die züchterischen Ideale noch so gut gewählt – immer auch Tiere geboren werden, die aus den verschiedensten Gründen für eine Weiterzucht nicht in Frage kommen. Um eine Rasse züchterisch und langfristig zu erhalten, ist es notwendig, auf deren rassetypische Ideale zu selektieren. Und dazu zählt es auch, die Nachzucht sehr gewissenhaft zu prüfen und nur die typischsten Vertreter zur Weiterzucht einzusetzen.
Außerdem werden in der Regel weitaus mehr Bocklämmer geboren, als man zur Weiterzucht benötigt. So ist es leider vielfach das Schicksal der jungen Schafböcke, im Herbst der Schlachtung zugeführt zu werden.
Lammfleisch ist nach wie vor eine Delikatesse, in der Regel mager und sehr gut bekömmlich. Der Geschmack variiert zwischen den Rassen von eher wildartig bis hin zum bekannten Lammgeschmack. Ein jeder kann innerhalb der Rassen seinen Favoriten finden.
In der Regel findet bei Schafen in der Kleinsthaltung kaum eine wirkliche Mast statt, wie sie von anderen Nutztieren bekannt ist. Die meisten Lämmer wachsen auf der Weide auf und ernähren sich von jungem Gras und der Milch ihrer Mütter. In größeren Betrieben werden gerne einige Bocklämmer zur „Endmast“ ausgewählt. Diese werden dann im Alter von etwa zehn bis zwölf Wochen nochmals aufgestallt und gezielt mit Kraftfutter und hochwerti-

Vorläufig haben diese Damen noch nichts zu befürchten.

Nicht alle Lämmer können als Zuchttiere verkauft werden.

gem Raufutter in kürzerer Zeit auf ein angestrebtes Endgewicht gebracht. Für Schafhalter mit wirtschaftlichen Absichten ist dieses Verfahren durchaus sinnvoll.
Der Kilopreis für Lammfleisch ist selten konstant und stark von Angebot und Nachfrage abhängig. Aufgrund der Saisonalität der meisten Schafe ist der Preis im Herbst meist am Tiefpunkt und um die Osterzeit am besten. Durch den Verkauf von Lammfleisch kann der Schafhalter die Kosten seiner Haltung zu einem hohen Maße abdecken, das sollte durchaus bedacht werden.
Aus einem Lamm gewinnt man die edleren Teile wie Keule, Kotelett und Lende, aber auch weniger edle Teile, die meist zu Lamm-

LAMMFLEISCH

Lammfleisch zählt neben Geflügelfleisch zu den gesündesten und zartesten Fleischarten. In der Regel mager und heute oft mehr wildähnlich im Geschmack, hat es sich längst seinen Platz in der Gourmetküche gesichert. Fettes, traniges Fleisch gehört längst der Vergangenheit an, durch züchterische Selektion und artgerechte Haltung wird heute Lammfleisch in Spitzenqualität erzeugt. Lämmer wachsen von allen Nutztieren meist am natürlichsten auf der Weide auf, und allein dies sollte den Verbraucher schon zum Lammfleisch greifen lassen. Im Zuge der Entwicklung hin zum hochwertigen Fleisch aus artgerechter Haltung hat Lammfleisch daher längst seine Liebhaber gefunden.

wurst verarbeitet werden. Ältere Tiere werden zumeist in Gänze verwurstet und liefern ihrerseits durchaus noch sehr schmackhafte Salami, Bratwurst oder Dauerwurst.
Die Schlachtung sollte immer möglichst stressfrei und mit ordentlicher Betäubung von einem Fachmann oder einem Sachkundigen vorgenommen werden. Es gibt Lehrgänge, um auch dies zu erlernen. Mit allem Respekt dem Tier gegenüber vorgenommen, ist die Schlachtung ein sicher nicht besonders schönes, aber doch notwendiges und verantwortungsvolles Kapitel in der Schafhaltung.

DAS SCHAFFELL

Neben Milch, Fleisch und Wolle lässt sich beim Schaf auch die Haut gut verarbeiten und wahlweise zu Leder (Haut ohne Haare) oder zu Fell oder Pelz (Haut mit Haaren) gerben. Zu Leder werden meistens eher Ziegenhäute verarbeitet, beim Schaf bevorzugt man in der Regel die Variante der Pelzgerbung. Durch die verschiedenen Formen der Gerbung lässt sich die Haut und das Fell der Tiere haltbar machen und somit vielfältig nutzen.
Zur Vorbereitung wird das möglichst intakte und vollständige Fell nach der Schlachtung auf der Fleischseite mit möglichst gutem Salz reichlich und flächendeckend bestreut. Das Salz entzieht der Haut Feuchtigkeit und verhindert Fäulnisbildung. Derartig „eingepudert" kann man die frischen Felle einige Wochen kühl lagern. Letztlich sollte man mit dem Verbringen in die Pelzgerberei aber nicht allzu lange warten. Dazu können Sie das Fell mehrfach zusammenlegen, aber bitte immer nur „Haut auf Haut" legen. Im Internet werden Sie sicher eine Gerberei oder Lederfabrik in Ihrer Nähe ausfindig machen oder ein befreundeter Schafhalter weiß eine Adresse.
Ihr Fell wird in der Gerberei auf der Hautseite von den letzten Fleischresten befreit und dann gegerbt. In der Regel geschieht dies durch die Verwendung von Salzen und Mineralien (z. B. Alaun), durch Metalle wie Chrom oder durch pflanzliche Bestandteile wie Rinden oder Schalen. Bei der medizinischen Gerbung handelt es sich um eine synthetische Gerbung mit dem Lösemittel und Konservierungsstoff Glutardialdehyd.
Lassen Sie sich von Ihrem Gerber beraten, welche Methode er für die beste hält. In den meisten Fällen dauert es einige Wochen, bis Sie das fertige und flauschige Schaffell abholen und in Ihren Händen halten können.

Ein komplettes Bergschaf-Vlies

Besonders farbige Schaffelle sind sehr dekorativ und beliebt.

Das Fell kann nun vielfältig verwendet werden. An erster Stelle ist der dekorative Wert zu sehen. Gerade bei den gescheckten Schafrassen oder den urtümlichen alten Rassen wie Heidschnucke, Skudde, Gotlandschaf oder Herdwick sind die bunten oder grau melierten Felle attraktiv und zieren jeden Wohnraum. Und dann ist so ein Fell natürlich auch praktisch verwendbar: Als Wärmespender im Fernsehsessel, als Unterlage im Hundekorb für den vom Tagwerk erschöpften braven Hütehund oder auch als Einlage im Kinderwagen. Schaffelle halten mollig warm und sind sehr kuschelig. Aus persönlicher Erfahrung kann ich berichten, dass ich bei Wettkämpfen meiner Hunde einige Nächte im Auto oder Zelt geschlafen habe und jedesmal sehr dankbar für die wärmende Schaffellunterlage war. Außerdem ruht meine älteste Border-Collie-Hündin schon seit Jahren auf dem riesigen Fell eines Bergschafbockes und scheint dies sehr zu genießen.

Und mir fallen einige sommerliche Grillabende ein, wo der frierenden Damenwelt zu späterer Stunde ein Schaffell gereicht wurde, um sich darin mollig in den Klappstuhl zu kuscheln.

Die Felle lassen sich natürlich auch zuschneiden und zu Kleidungsstücken, Stuhlkissen, Polstern usw. nähen. Der Fantasie sind keine Grenzen gesetzt.

SERVICE

— *Informationen für Schafhalter*

QUELLEN UND ZUM WEITERLESEN

Arnold, Annette und René Reibetanz: Alles für das Schaf. Handbuch für die artgerechte Haltung. Pala-Verlag 2008.

Chifflard, Hans und Herbert Sehner: Ausbildung von Hütehunden. Ulmer Verlag 2009.

Haring, Fritz: Schafzucht. Ulmer Verlag 1984.

Rieder, Hugo: Schafe halten. Ulmer Verlag 2010.

Scrimgeour, Derek: Modernes Border Collie Training. Piepenbrock Verlag 2003.

NÜTZLICHE ADRESSEN

Vereinigung Deutscher Landesschafzuchtverbände (VDL)
Claire-Waldorff-Str. 7
10117 Berlin
Tel.: 0 30 – 3 19 04 – 5 40
www.schafe-sind-toll.com

Hessischer Verband für Schafzucht und -haltung e. V.
Kölnische Straße 48–50
34117 Kassel
Tel.: 05 61 – 1 69 84
www.schafe-hessen.de

Gesellschaft zur Erhaltung alter und gefährdeter Haustierrassen e. V. (GEH)
Walburger Straße 2
37213 Witzenhausen
Tel.: 0 55 42 – 18 64
www.g-e-h.de

Arbeitsgemeinschaft zur Zucht Altdeutscher Hütehunde (AAH)
c/o Susanne Zander
Allerbogen 12,
29223 Celle
Tel./Fax: 0 51 41 – 90 06 00
www.altdeutschehuetehunde.de
www.a-a-h.org

Arbeitsgemeinschaft Border Collie Deutschland e. V. (ABCD)
An der Autobahn 1
56766 Ulmen
Tel.: 0 26 76 – 9 52 67 81
www.abcdev.de

Working Kelpie Club Deutschland (WKCD)
Trialbeauftragter: Andreas Kroll
Wasserstr. 25
38644 Goslar
Tel.: 0 53 21 – 68 96 69
www.workingkelpie-deutschland.e

Kai Haus
Bermoller Str. 2
35644 Hohenahr-Großaltenstädten
Tel.: 0 64 46 - 92 17 14
www.bordercollie-haus.de

REGISTER

DANK UND WIDMUNG

Danke an meine Eltern, vor allem an meinen Vater Dieter Haus für die langjährige und sehr verlässliche Unterstützung und große Hilfe bei meiner Schafhaltung. Außerdem Danke an meine Familie, meine Kinder und vor allem an meine Frau Ilka für ihre Geduld und die Hilfe beim Schreiben dieses Buches – und dafür, dass sie mir immer den Rücken stärkt und frei hält. Und nicht zuletzt auch ein Dank an meine treuen vierbeinigen Helfer, meine Hunde, die mich täglich bei der anfallenden Arbeit rund um meine Schafhaltung unterstützen.

Ich widme dieses Buch meinem Onkel Werner Haus, von dem ich meine allerersten Schafe bekam.

Kai Haus

ZUM AUTOR

Kai Haus ist mit Tieren aufgewachsen. Bereits mit sechs Jahren gab ihm sein Onkel, der rund 500 Mutterschafe hielt, die ersten Flaschenlämmer zur Aufzucht. Seine eigene Schafzucht begann er mit Merinoschafen und Mischlingen, dann kamen Heidschnucken dazu. Seit 1993 züchtet er Scottish Blackface, die älteste Herdbuchzucht in Hessen, außerdem Zackelschafe, Herdwicks und gescheckte Bergschafe.
Seit 1994 züchtet Kai Haus auch Border Collies unter dem Zwingernamen „Greifental", die er als Hütehunde auf seinem Hof einsetzt und mit denen er erfolgreich an Hütewettbewerben teilnimmt (www.bordercollie-haus.de). Zur Ausbildung von Hütehunden gibt er Seminare. Kai Haus lebt mit seiner Familie, über 50 Schafen, 12 Ziegen, den Border Collies sowie Pferden, Katzen, Geflügel und Kleintieren auf einem Hof im Lahn-Dill-Bergland (Mittelhessen).

BILDNACHWEIS

114 Farbfotos wurden von Heike Schmidt-Röger/Kosmos für dieses Buch aufgenommen. Weitere Farbfotos von Arco Images (Seite 9 rechts, 10, 11), Kai Haus (Seite 2 links) und Vivien Venzke/Kosmos (Seite 35 unten rechts, 38 links, 41, 42 rechts, 47, 51, 83, 87, 103, 113, 116 oben, 121).
Illustrationen von Wolfgang Lang.

IMPRESSUM

Umschlaggestaltung von WALTER Typografie & Grafik GmbH, Würzburg, unter Verwendung von Farbfotos von Arco Images (Vorderseite) und Heike Schmidt-Röger/Kosmos.

Mit 130 Farbfotos und 6 Illustrationen.

Alle Angaben in diesem Buch erfolgen nach bestem Wissen und Gewissen. Sorgfalt bei der Umsetzung ist indes dennoch geboten. Der Verlag und der Autor übernehmen keinerlei Haftung für Personen-, Sach- oder Vermögensschäden, die aus der Anwendung der vorgestellten Materialien und Methoden entstehen könnten.

Unser gesamtes Programm finden Sie unter **kosmos.de**
Über Neuigkeiten informieren Sie regelmäßig unsere Newsletter, einfach anmelden unter **kosmos.de/newsletter**

Gedruckt auf chlorfrei gebleichtem Papier

Pfizerstraße 5–7, 70184 Stuttgart
kosmos.de/servicecenter

ISBN 978-3-440-12213-6
Redaktion: Angela Beck
Gestaltungskonzept: Peter Schmidt Group GmbH, Hamburg
Gestaltung und Satz: DOPPELPUNKT, Stuttgart
Produktion: Eva Schmidt
Druck und Bindung: Westermann Druck Zwickau GmbH, Zwickau
Printed in Germany / Imprimé en Allemagne

FSC
www.fsc.org
MIX
Papier | Fördert gute Waldnutzung
FSC® C110508